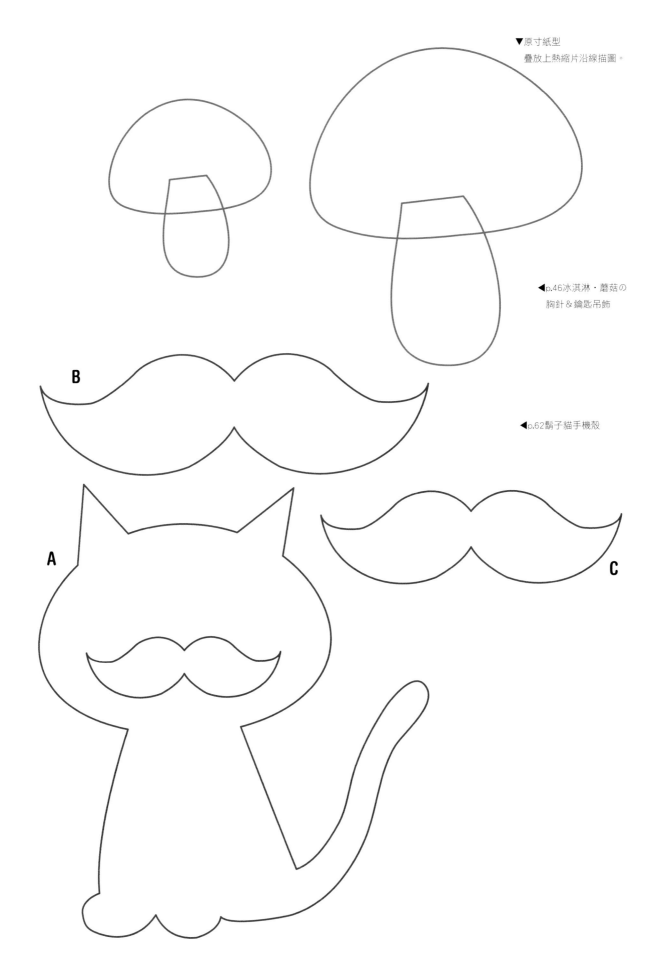

▼原寸紙型
　叠放上熱縮片沿線描圖。

◀p.46冰淇淋・蘑菇の
　胸針＆鑰匙吊飾

◀p.62鬍子貓手機殼

B

A

C

超詳細圖解教作！

無限可愛の
UV 膠＆熱縮片飾品

120 選

キムラプレミアム　木村純子

前言

UV膠被稱作新興手工藝，
近年的人氣水漲船高，
不少店鋪也開始販售起可愛的手工藝素材＆方便的用具，
在那其中，也包含了孩提時代曾經風靡一時的熱縮片。
作法簡單的熱縮片用途相當廣泛，
如今也搖身一變，成為手工藝品的主角之一。

本書以UV膠搭配熱縮片為主素材，
並加入紙膠帶、碎布及串珠等常見的材料進行手工飾品的創作。
UV膠最大的魅力在於能夠打造出閃耀奪目的高級感，
而將簡單易作的熱縮片應用於UV膠上，更能大大提昇裝飾的多樣性。

希望你也能將從店家中挖掘出的材料＆生活雜貨，
親手打造成千變萬化的可愛手工飾品！

キムラプレミアム　木村純子

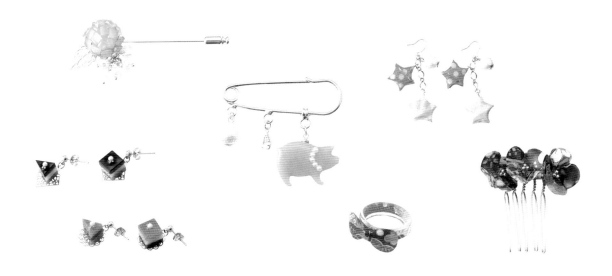

CONTENTS

原寸大比例

ⅼⅼⅼⅼⅼⅼⅼⅼⅼⅼⅼⅼⅼⅼ

UV膠飾品の基礎介紹

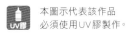 本圖示代表該作品
必須使用UV膠製作。

UV膠是什麼？

膠即為樹脂（英文為Resin）。「UV膠」是指會對UV（紫外線）產生硬化（凝固）反應的透明樹脂。雖然UV膠照射陽光也會硬化，但使用UV燈（參見下圖）來照射，UV膠可在短短幾分鐘內完成硬化。此外UV燈還能控制UV膠的硬化狀態，輕鬆地製作出多采多姿的飾品。

本書使用的UV膠種類

UV膠（硬式）

透過燈照而硬化的膠。透明度高且會反射光線，使作品綻放出魅力四射的耀眼光芒。由於表面張力強，塗在熱縮片表面會形成圓凸面。依硬度區分，共有硬式、軟式、果凍式，可供選擇。

硬式UV 25g
（太陽の雫）
〔PADICO〕

天使UV水晶 25g
（Super Resin UV Crystal）
〔Ange〕

注意

由於UV膠遇陽光會硬化，因此作業請在室內進行。樹脂液屬於化學製品，務必避免接觸肌膚，若不慎沾到手等部位，要立刻以乙醇等溶劑拭除。在UV膠照燈硬化的過程中，也要慎防燙傷意外。作業時請避免靠近火源，並在通風良好的環境下進行。
此外，請將UV膠罐存放於0至25℃的陰涼處，並擺在兒童＆寵物碰不到的場所。

UV膠的主要用法

在底座上塗膠、注入模具內等待硬化、將各式各樣的小物密封於膠中、以顏料染色等。

UV燈（紫外線照射機）

使UV膠硬化的紫外線照射機。將注入UV膠的物件＆模具放入機器中，按下按鈕，數分鐘後即可完成硬化。市售UV燈的輸出功率（瓦數〈W〉）及形狀各不相同，建議大家購買像如圖示般有四根燈管（36W）＆附定時功能的機型。5mm厚的透明UV膠的硬化時間約2至3分（硬化時間會因UV膠＆UV燈的種類有所差異），功能等同美甲光療燈。

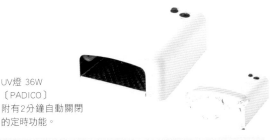

UV燈 36W
〔PADICO〕
附有2分鐘自動關閉
的定時功能。

注意

使用時切勿直視燈光，尤其需禁止孩童探頭張望。建議以鋁箔紙＆膠帶遮住機器（參見右上圖），避免光線溢射。燈管經長時間使用會耗損，造成燈光變弱硬化不易，若UV膠於指定時間仍未硬化，可加長照射時間或汰換燈管。

UV膠的基本用語

密封　　將素材密封至UV膠中。
照燈　　使UV膠照燈光。照燈時間以30秒、2分鐘為單位起跳。
硬化　　代表UV膠凝固變硬。
氣泡　　作業過程中，出現在UV膠內部的氣泡。為了成品的美觀，請儘量消除氣泡。
滴膠底座　　注入UV膠的內嵌飾品材料。
模具　　藉由注入UV膠＆硬化，完成塑型。
手藝用熱風槍　　用於消除UV膠的氣泡（p.7）。
底墊　　本書中使用以紙膠帶製作的底墊（p.6）。
毛邊　　意指在模具中注入UV膠時，溢出模具且硬化的膠。需以鉗子加以修整。

滴膠底座

模具

熱縮片の基礎介紹

 本圖示代表該作品
必須使用熱縮片製作。

何謂熱縮片

由PS（聚苯乙烯）樹脂製作而成的薄板（也稱作塑膠板），具有遇熱變形的性質。雖然有多種類型，但還是以經加熱而收縮變厚的熱縮片較適合用來製作飾品。除了透明款之外，也有白色、黑色等款式。塑膠模型玩具店、手工藝店等均有販售。

〈加熱前〉　　　〈加熱後〉

熱縮片長寬的縮小比例並不相同。有時熱縮片加熱後扭曲，也會與原寸作品的形狀有所差異。

本書使用的熱縮片

厚度為0.2至0.3mm，以吐司烤箱加熱後會縮小至原尺寸的一半。若需描繪圖案時，建議使用透明款。

熱縮片 0.3mm
（PL5-3001）
〔Ange〕

以吐司烤箱進行加熱

熱縮片遇熱超過130℃就會縮小，建議設定600W加熱約80秒。熱縮片縮小至一定程度就會停止縮小，此時即可從烤箱取出熱縮片，以具耐熱性的物品壓平。

吐司烤箱

描繪圖案&紙型

圖案建議以麥克筆來描繪，至於紙型（如果完成後不需要草稿線），使用摩擦後筆跡會消失的筆來描繪就會方便許多。

  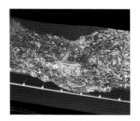 

將吐司烤箱先預熱1至2分鐘，在烤網上鋪上鋁箔紙後，將畫有圖案的熱縮片放在烤盤中央均勻受熱。

即使熱縮片在縮小過程中變形扭曲，先靜觀其變即可。

發現熱縮片停止縮小後，請立刻取出以免烤焦。

將罐子或砧板等平坦物放在熱縮片上，將之壓平。

UV膠&熱縮片的搭配使用

熱縮片的性質相當適合用來搭配UV膠。將膠塗在熱縮片表面上，即使硬化也不會剝落，還可增加光澤度，替整體作品提升質感。本書將介紹以熱縮片為底座，以UV膠點綴而成的飾品。

18
達拉木馬胸針

4
玻璃杯&茶杯吊飾

UV膠＋熱縮片の手作用具

UV膠用具

調色棒×2的套組〔PADICO〕
UV膠專用的調色棒。前端通常是刮板、挖勺或萬用針,可應用於混合
UV膠與顏料、將膠灌入模具等各式各樣的作業上。
沒有調色棒時的替代用品>>>牙籤‧棉花棒

調色盤〔PADICO〕
混和UV膠＆顏料時使用的調色盤。盤
底呈圓弧狀,邊緣凹處可供作業時擺
放調色棒,能有效幫助調色作業的進
行。有別於用完即丟的紙杯,可長久
地重複使用。
調色盤的替代用品>>>紙杯(小)

殺菌酒精＆無水乙醇
用於拭除沾附於桌面＆
手上的殘膠,或清潔相
關用具。

熱縮片用具

鋁箔紙
放入吐司烤箱中縮小熱縮片時,
將揉皺的鋁箔紙鋪在烤盤上就能
防止沾黏。

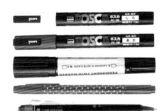

POSCA海報彩色麥克筆
〔三菱鉛筆〕
油性麥克筆
水性麥克筆
魔擦筆
描繪＆複寫圖案時使用。請挑選遇
水不會暈染的筆吧!

盒罐類
壓平熱縮片的輔助物。建議選擇
如空罐＆砧板等表面平坦光滑的
物品。

其他用具

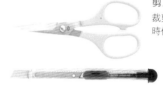

剪刀〔PADICO〕‧美工刀
裁剪熱縮片、貼紙與膠帶
時使用。

尖頭鑷子
將素材密封於膠中,或刺
破膠中的氣泡時使用。

飾品加工的用具參見p.9。

動手製作底墊

輔助固定零件,增加作業便利性的用具。
可直接放入UV燈中接受燈照。

《材料》
紙膠帶‧粗版(寬3cm)＆細版(寬1.5cm)
剪裁好的透明墊板(約5×7cm)

1 將粗版紙膠帶貼面朝上,擺放
在透明墊板上,以細版紙膠帶黏
貼固定其中一端。

2 將粗版紙膠帶完全拉平後,以細
版紙膠帶將另一端黏貼固定於透
明墊板上。

UV膠の基礎技巧

灌膠方法

底層灌膠
注入約1mm厚的薄膠（如上圖）。

平面灌膠
灌膠至邊框的高度。本技巧亦可應用於滴膠底座＆模具。

凸面灌膠
利用表面張力，使膠形成平滑的凸面。

UV膠染色方法

本書使用的液體顏料
UV調色劑（宝石の雫）
〔PADICO〕

1 將透明UV膠倒入調色盤中，加入一滴顏料。

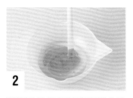

2 以調色棒將顏料確實混合均勻。

3 為UV膠調色時，先加入一色顏料；待均勻上色後，再加入一滴其他色的顏料。

4 調色中的UV膠。

5 調色均勻的UV膠（形成氣泡的狀態）。

消除氣泡の方式

※也有刻意留下氣泡，當作設計的
　一部分的作法。

手藝用熱風槍
〔Ange〕

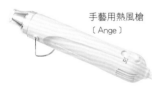

以手藝用熱風槍替染色的膠加熱，使氣泡浮起消除。

在模具中灌膠後形成的氣泡等，以調色棒挑起即可。

保護劑的使用方法

先將紙＆布料等表面塗上保護劑，再密封至UV膠中，便能維持原有的色彩呈現度。

保護劑（Decollage Coat）
〔PADICO〕

UV膠的照燈方式

照燈的標準時間，請視材料＆作品形狀進行調整。

照燈30秒（暫時固定）
使膠稍微硬化，固定住密封・鑲嵌至膠中的素材。由於膠尚未完全硬化，因此要避免觸碰膠面。

照燈2分鐘（硬化）
使膠完全硬化。由於硬化過程會產生高溫，取出時要特別留意。

以手持方式照燈30秒，再放入UV燈內照燈1分半鐘（暫時固定～硬化）
希望UV膠緊密黏合時，先以手指壓合＆照燈30秒來暫時固定，再放入UV燈中照射至硬化為止。

 第1次

本圖示代表該作業流程中，必須用到UV燈，圖示內數字為照燈的次序。

將膠直接放入UV燈中。因為黏接素材的餘膠硬化後會弄髒機器，因此照燈時必須擺在底墊上。此外，照燈硬化後的UV膠作品溫度較高，取出時切勿徒手觸碰，請連同底墊一併取出。

素材＆飾品五金

可密封於UV膠，或黏貼在膠＆熱縮片上的素材。

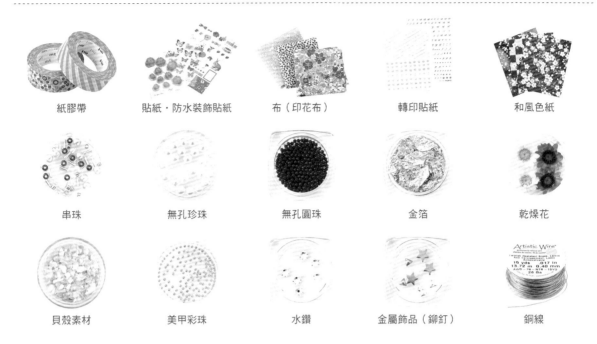

紙膠帶	貼紙・防水裝飾貼紙	布（印花布）	轉印貼紙	和風色紙
串珠	無孔珍珠	無孔圓珠	金箔	乾燥花
貝殼素材	美甲彩珠	水鑽	金屬飾品（鉚釘）	銅線

飾品五金

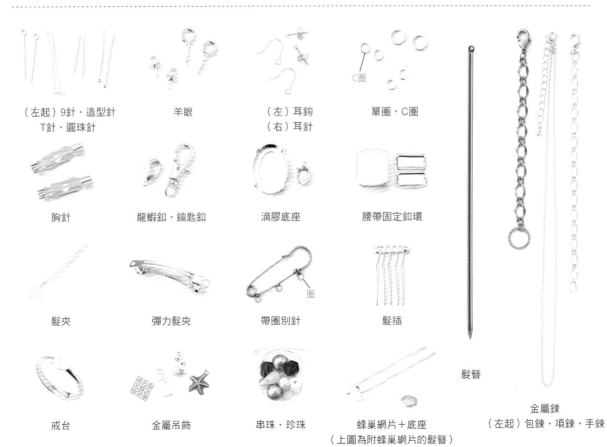

（左起）9針・造型針 T針・圓珠針	羊眼	（左）耳鉤 （右）耳針	單圈・C圈	
胸針	龍蝦釦・鑰匙釦	滴膠底座	腰帶固定釦環	
髮夾	彈力髮夾	帶圈別針	髮插	髮簪
戒台	金屬吊飾	串珠・珍珠	蜂巢網片＋底座 （上圖為附蜂巢網片的髮簪）	金屬鍊 （左起）包鍊・項鍊・手鍊

飾品加工の基本介紹

飾品加工用具

平口鉗
前端平整，開合圈環 &
夾取零件時使用。

尖嘴鉗
彎圓針具時使用。

接著劑
使用在燈光難以照到，無法以UV膠黏接的
部位。建議挑選萬用接著劑。

斜剪鉗
剪斷針具 & 金屬鍊，
或修剪掉溢出的毛邊時使用。

束鉗
將硬化的UV膠作品
鑽出安裝羊眼 & 針具的孔洞時使用。

飾品加工技巧

開合單圈

打開。
將單圈前後拉開。

從縫隙穿入配件。

閉合。
切勿左右拉開。

束鉗的使用方法

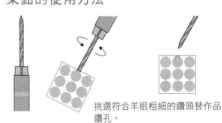

挑選符合羊眼粗細的鑽頭替作品
鑽孔。

針具的使用方法

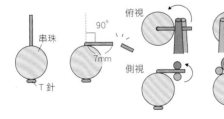

串珠
90°
俯視
7mm
側視
T針

羊眼的安裝方式

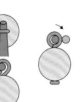

羊眼

將羊眼沾膠後插入作品上方的孔
中，再放入 UV 燈中照燈 2 分鐘。

以單圈串接作品
& 零件

UV膠也可以製作飾品五金呢！

如羊眼、單腳鈕釦等配件，也可以用超方便的模具來灌膠製
作，完全不用另外準備！
除此之外，若能利用模具製作出符合作品設計 & 顏色的飾品
五金，飾品的完成度也將更加完美。
只要灌膠至模具中，照燈2分鐘後脫模取出就完成了！

迷你飾品軟模具
（Jewel Mold Mini Parts）
〔PADICO〕

1 雪花包鍊

運用雪結晶模具，打造夢幻氣息的飾品。
將透明雪花飾片
密封在上色的UV膠內，
纖細的結晶就會浮現出來。

UV膠

《材料》●●●參見p.64，除了特別指定之外，皆各1個。

UV膠 **
共同材料 硬式UV

顏料 * UV調色劑
A 綠色（403039）**B** 藍色（403041）
C 紅色（403035）

串珠 *
共同材料
捷克棗珠 白蛋白8mm（FP-08062-0）
車輪珠 白蛋白 6mm（DP-00559-014A）3顆

飾品五金
共同材料
包鍊（BJ-169G）* 15cm
龍蝦釦（PC-300103-G）*
羊眼（PC-301160-G）*
C圈（PC-300309-G）* 2個
單圈4mm（PC-300068-G）*
單圈6mm（PC-300076-G）*
T針（PC-300062-G）* 4個

其他材料 *
共同材料 軟模具 圓環（404174）13號
軟模具 雪結晶（404187）**A** A中 **B** C中 **C** D中

《用具》
基本用具（p.6）・飾品加工用具（p.9）

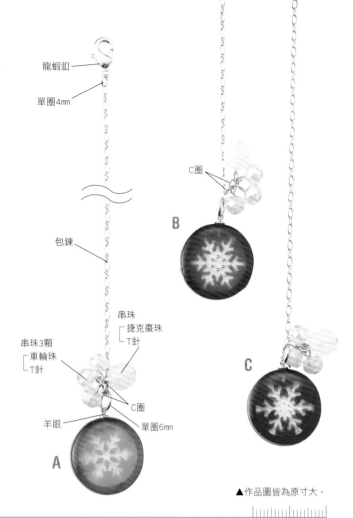

龍蝦釦
單圈4mm

C圈

B

包鍊

串珠
┌捷克棗珠
└T針

串珠3顆
┌車輪珠
└T針

C圈

羊眼
單圈6mm

A

C

▲作品圖皆為原寸大。

HOW TO MAKE **A**至**C**作法相同。以下為**A**作品的圖解步驟。

第1次

1
透明UV膠灌滿雪結晶模具，照燈2分鐘後取出脫模。

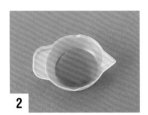

2
進行UV膠調色（p.7）。

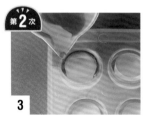

第2次

3
以染色的UV膠灌滿圓環模具，照燈2分鐘後取出脫模。

先修掉毛邊！

第3次

4
放在底墊上。在圓環底部灌入少量透明UV膠，照燈30秒製作底層。

第4次

5
薄塗一層透明UV膠，放入步驟1的雪結晶照燈30秒。

仔細地以調色棒填膠！

第5次

6
以染色的UV膠填入結晶的縫隙，照燈2分鐘，雪結晶的圖案就會浮現出來。

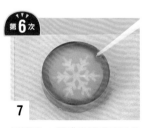

第6次

7
以透明UV膠灌滿圓環直至外緣處，照燈2分鐘。

第7次

8
以束鉗將作品開孔（p.9），將羊眼沾膠後插入孔中＆照燈2分鐘，再以單圈串接作品＆配件就完成了！

11

2

繡球花飾品組

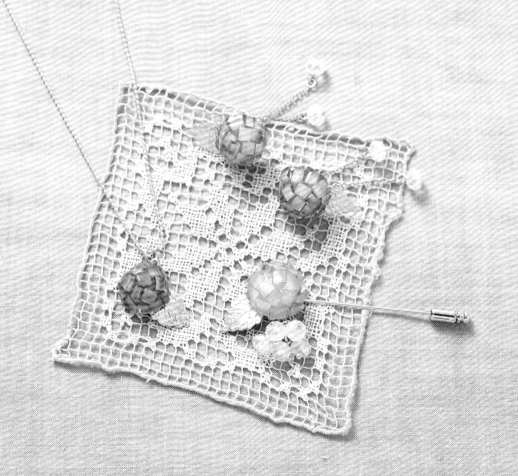

以鮮嫩欲滴的淡雅色彩潤飾雨季的繡球花為主題，

作出耳環・項鍊・帽針。

將熱縮片製作成小花碎片，

來呈現花團錦簇的情景。

是彷若和菓子般，洋溢著高雅端莊印象的飾品組。

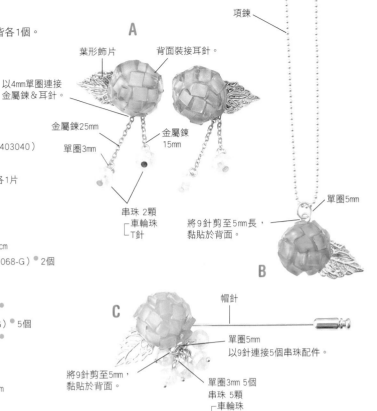

《材料》●●●參見p.64，除了特別指定之外，皆各1個。

UV膠 ●●
共同材料 硬式UV

熱縮片 ●
共同材料 0.2mm（PL5-2001）

顏料 ● UV調色劑
共同材料 白色（403045）
A 紫色（403042）**B** 粉紅色（403034）**C** 藍綠色（403040）

吊飾 ●
共同材料 葉形飾片（PC-300168-G）**A** 2片 **B**·**C** 各1片

串珠 ●
車輪珠 白蛋白6mm（DP-00559-014A）**A** 4顆 **C** 5顆

飾品五金 ●
A 耳針（PT-300810-G）●、金屬鍊（BJ-168G）● 8cm
單圈3mm（PC-300066-G）● 4個、單圈4mm（PC-300068-G）● 2個
T針（PC-300062-G）● 4個
B 附扣頭的項鍊（NH-40058-G）●
單圈5mm（PC-300307-G）●、9針（PC-300041-G）●
C 帽針（PT-300173-G）●、單圈3mm（PC-300066-G）● 5個
單圈5mm（PC-300307-G）●、9針（PC-300041-G）●
圓珠針（PC-300850-G）● 5個

其他材料 ●
軟模具 半球型（404176）**AB** 直徑12mm **C** 直徑14mm

《用具》
基本用具（p.6）·飾品加工用具（p.9）·吐司烤箱

▲作品圖皆為原寸大。

圖中標示：
項鍊
葉形飾片
背面裝接耳針。
以4mm單圈連接金屬鍊&耳針。
金屬鍊25mm
金屬鍊15mm
單圈3mm
串珠 2顆 ┌車輪珠 └T針
將9針剪至5mm長，黏貼於背面。
單圈5mm
帽針
單圈5mm 以9針連接5個串珠配件。
將9針剪至5mm，黏貼於背面。
單圈3mm 5個
串珠 5顆 ┌車輪珠 └圓珠針

HOW TO MAKE　**A** 至 **C** 作法相同。以下為 **A** 的圖解步驟。

1
將熱縮片裁剪成8至10mm的方塊，再放入吐司烤箱中加熱縮小（p.5）。加熱後的熱縮片不需壓平。

加熱前　加熱後

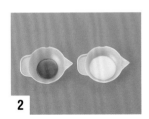

2
準備2種顏色的UV膠（p.7）。

第1次

3
以白色UV膠灌滿模具，照燈2分鐘後取出脫模。

4
放在底墊上，塗上紫色UV膠。

第2次

5
放上步驟**1**的熱縮片。調整好位置後，照燈30秒暫時固定。

第3次

6
將熱縮片薄塗一層紫色UV膠，保留熱縮片的凹凸感。照燈2分鐘。

7
作品完成！重點在於運用色彩的濃淡營造漸層效果。

第4·5次

8
以UV膠將耳針黏在作品背面，照燈2分鐘。再將葉形飾片插入耳針，塗UV膠照燈2分鐘。作品 **B**·**C** 也依相同作法，藉由UV膠將各飾品五金黏接於背面。

13

3 瑪德蓮蛋糕耳環

將三種顏色的UV膠方塊層層疊起＆擺放在蛋糕台上，
就成了超可愛的甜點飾品！
草莓・覆盆子×巧克力……
變換色彩組合＆堆疊順序，
就能享用數種賞心悅目的滋味。

《材料》●●●參見p.64，除了特別指定之外，皆各1個。

UV膠 ●●
　　共同材料 硬式UV

顏料 ● UV調色劑
　　奶油 白色（403045）
　　海綿蛋糕 白色（403045）＋粉紅色（403034）＋黃色（403037）
　　巧克力 褐色（403043）
　　草莓牛奶 粉紅色（403034）＋白色（403045）＋黃色（403037）
　　覆盆子 紅色（403035）
　　黑莓 紅色（403035）＋黑色（403044）
　　可可亞 褐色（403043）＋白色（403045）＋黃色（403037）
　　焦糖 白色（403045）＋橘色（403036）＋褐色（403043）

密封・鑲嵌素材 各適量
　　共同材料 美甲彩珠（EU-001143-G）●
　　ABGH 樹脂珍珠（無孔）白色2mm（OL-00495-01）●
　　CD 小米珠 褐色（CB-19102）●
　　EF 大米珠 紅色（No.5C）TOHO珠

吊飾 ●
　　鏤空飾片 **ABEF** 小圓片（BJ-118G）**CDGH** 小方片（BJ-119G）

飾品五金 ●
　　共同材料 耳針（PC-301444-G）・C圈（PC-300308-G）2個

其他材料 ●
　　迷你飾品軟模具 基本圖形（401008）
　　ACEG 四方形8.5×8.5mm **BDFH** 三角形9×8mm

《用具》
基本用具（p.6）
飾品加工用具（p.9）

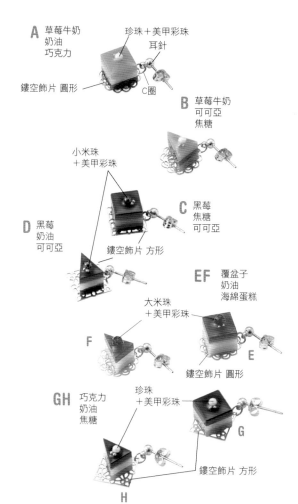

A 草莓牛奶 奶油 巧克力
珍珠＋美甲彩珠
耳針
鏤空飾片 圓形
C圈

B 草莓牛奶 可可亞 焦糖

小米珠＋美甲彩珠

C 黑莓 焦糖 可可亞

D 黑莓 奶油 可可亞
鏤空飾片 方形

EF 覆盆子 奶油 海綿蛋糕

大米珠＋美甲彩珠

F
E
鏤空飾片 圓形

GH 巧克力 奶油 焦糖
珍珠＋美甲彩珠

G

鏤空飾片 方形

H

▲作品圖皆為原寸大。

HOW TO MAKE　A至H作法相同。以下為A的圖解步驟。

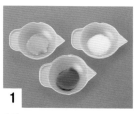

1
製作三種顏色的UV膠（p.7）方塊（圖示為草莓牛奶・奶油・巧克力，共3色）。

第**1-3**次

2
以其中一色UV膠灌滿模具，照燈2分鐘後取出脫模。重複上述步驟製作出三種顏色的UV膠方塊。

3
完成三色UV膠方塊。由於深色較難硬化，請自行觀察決定是否延長照燈時間。

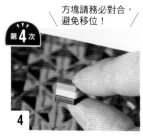

第**4**次

方塊請務必對合，避免移位！

4
以UV膠黏合UV膠方塊後，先捏緊方塊照燈30秒，再放入UV燈中照燈1分半鐘。

第**5**次

5
在頂層表面塗膠，放上珍珠＆美甲彩珠後照燈2分鐘。

第**6**次

6
將鏤空飾片塗膠，黏貼於作品底部，照燈2分鐘。

7
以C圈串接作品＆耳針。

4 玻璃杯&茶杯吊飾

以熱縮片製作而成的吊飾。若利用白色麥克筆在熱縮片背面塗色，
就能製作出圖案鮮明的陶器風馬克杯&茶具組吊飾。
玻璃杯款則是不塗抹底色，將熱縮片的透明感融入設計中。

《材料》●●●參見p.64，除了特別指定之外，皆各1個。

UV膠 ●●
　　共同材料 硬式UV

熱縮片 ■
　　共同材料 0.3mm（PL5-3001）

串珠 ●
　　捷克棗珠 8mm
　　紅色（FP08023-0）**AE**各1顆
　　粉紅色（FP08020-0）**G**2顆
　　綠色（FP08012-0）**CF**各1顆 **G**2顆
　　捷克玻璃珠 8mm 藍色（FE-00164-026）**BD**各1顆

飾品五金 ●
　　G包鍊（PC-301014-G）
　　共同材料
　　龍蝦釦（PC-300103-G）**A**至**F**各1個 **G**2個
　　C圈（PC-300308-G）**A**至**F**各1個 **G**8個
　　單圈5mm（PC-300307-G）**A**至**F**各1個 **G**2個
　　單圈6mm（PC-300076-G）**A**至**F**各1個 **G**2個
　　T針（PC-300062-G）**A**至**F**各1個 **G**4個

其他材料
　　共同材料 油性麥克筆
　　ABEF黑色 **C**黑色‧綠色 **D**黑色‧水藍色
　　G黑色‧綠色‧粉紅色
　　POSCA海報彩色麥克筆
　　A紅色 **B**藍色 **E**紅色‧藍色‧白色
　　F黃色‧綠色‧白色 **G**白色

《用具》
基本用具（p.6）‧飾品加工用具（p.9）
打洞機‧吐司烤箱‧**EFG**切割墊

▲作品圖皆為原寸大。圖案參見p.31。**AB**、**CD**、**EF**均是相同花樣的異色設計。

HOW TO MAKE　**A**至**G**作法相同。以下為**A**的圖解步驟。

\注意別剪到線條！/

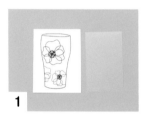

1

準備好圖案＆熱縮片。

2

將熱縮片放在圖案上，以指定的麥克筆描圖。**EFG**則另需以白色麥克筆在背面塗色。

3

以剪刀剪去輪廓外側的熱縮片。**EFG**的握把內側，則以美工刀切除。

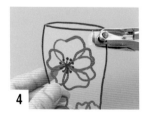

4

先以打洞機打出飾品五金的接連孔。

5

放入吐司烤箱中縮小熱縮片（p.5）。

6

取出熱縮片後，立刻以罐子或尺等平面物品壓平。

第**1‧2**次

7

放在底墊上將作品全面上膠，但塗膠過程要留意避免膠堵塞接連孔。照燈30秒後再度上膠，照燈2分鐘。**EFG**的背面也需上膠＆照燈2分鐘。

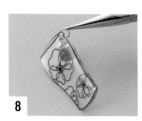

8

以單圈串接五金＆串珠就完成了！**G**則串接在包鍊上，再加上配件作出點綴。

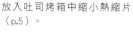

17

5 天空系列半球髮圈

將藍天白雲＆夕陽西下的景致，
封存在小小半球中的美麗髮飾。
密封於膠中的雲朵，是輕量樹脂黏土。
製作重點在於黏土要適度分散配置，且分量不能太多。

UV膠

《材料》●●●參見p.64，
除了特別指定之外，皆各1個。

UV膠 ˙˙
　　共同材料 硬式UV

顏料 ˙ UV調色劑
　　AB 藍色（403041）
　　C 橘色（403036）・紫色（403042）

串珠 ˙
　　捷克棗珠 8mm
　　AB 白色（FP08062-0）1顆・水藍色（FP08414-0）2顆
　　C 白色（FP08062-0）1顆・藍色（FP08264-0）2顆

密封・鑲嵌素材 ˙
　　共同材料 輕量樹脂黏土 白色（303131）

飾品五金
　　B 羊眼（PC-301160-R）˙
　　共同材料
　　單圈4mm（PC-300070-R）˙**AC** 各1個 **B** 2個
　　單圈6mm（PC-300076-R）˙**AC** 各1個 **B** 2個
　　圓珠針（BJ-164S）˙3個

其他材料
　　共同材料 髮圈
　　軟模具 半球型（404176）˙**AC** 28mm **B** 18mm
　　迷你飾品軟模具 零組件（Jewel Mold Mini Parts 401015）˙
　　AC 髮圈扣頭〈大〉

《用具》
基本用具（p.6）
飾品加工用具（p.9）

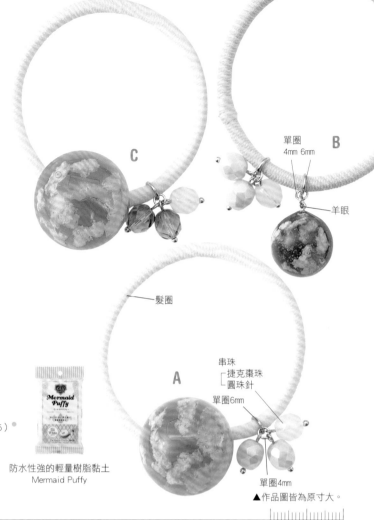

C

單圈
4mm 6mm

B

羊眼

髮圈

串珠
┌ 捷克棗珠
└ 圓珠針
單圈6mm

A

單圈4mm

▲作品圖皆為原寸大。

防水性強的輕量樹脂黏土
Mermaid Puffy

HOW TO MAKE　A至C作法相同。以下為A的圖解步驟。步驟**1**的作業需時1天。

1
〈準備〉將輕量樹脂黏土撕碎成小團塊後，靜置1日待乾。

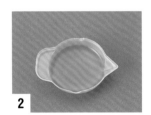

2
進行UV膠調色（p.7）（**C**使用橘色&紫色）。

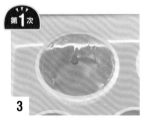

第**1**次

3
先在半球型模具內側薄塗一層染色UV膠，再灌膠至模具1/4的高度照燈30秒。**C**則是以橘色UV膠來製作。

第**2**次

4
薄灌些UV膠後，將步驟**1**的黏土分散配置於模具中，照燈30秒。

5
灌膠將黏土完全蓋住。

第**3**次

6
添加&分散配置黏土後，照燈30秒。

第**4**次

7
膠灌滿模具（**C**紫色），照燈2分鐘後取出脫模。**B**則是先製作2個半球型，再以膠黏接成完整球形（p.42-**3**）。

第**5・6**次

8
以透明UV膠製作髮圈扣頭（p.9）。以扣頭套住髮圈，再以膠黏接在作品背面，照燈2分鐘。**B**則是以束鉗鑽孔後裝上羊眼（p.9），再以單圈勾接在髮圈上。

九重葛花瓣飾品組

發想自九重葛的心形小花瓣的飾品組。
將銅線彎成的線框浸泡在UV膠中，
形成薄膜後照燈硬化即可。
示範作品有透明感的深粉紅色＆珊瑚般的淺粉紅色，
你也試著以自己喜歡的顏色來製作吧！

《材料》●●●參見p.64，除了特別指定之外，皆各1個。

UV膠 ●●
　　共同材料 硬式UV

顏料 ●
　　共同材料 UV調色劑 **ABC**粉紅色（403034）
　　D粉紅色（403034）＋白色（403045）

外框 ●
　　共同材料 藝術銅線＃26（NO-00727-4）20cm
　　AB各2根 **CD**4根

串珠 ●
　　共同材料 珍珠母碎石（MP-00679-02）●
　　AB各1顆 **CD**各6顆
　　B大米珠 白色（No.122）170顆 TOHO珠

飾品五金 ●
　　A附扣頭的項鍊（NH-40426-G）
　　單圈3mm（PC-300066-G）2個・4mm（PC-300068-G）
　　圓珠針（PT-300850-G）
　　B單圈3mm（PC-300066-G）2個・4mm（PC-300068-G）
　　CD耳鉤（PT-301976-G）
　　單圈3mm（PC-300066-G）2個
　　9針（PC-300041-G）2個

其他材料 ●
　　B手環用彈力線 直徑0.8mm 約50cm

《用具》
基本用具（p.6）
飾品加工用具（p.9）
AB圓桿鉛筆 **CD**圓桿簽字筆（筆徑需比鉛筆粗）

耳鉤　**C**
串珠
單圈　珍珠母3顆
3mm　9針

D

A
項鍊

單圈
3mm
4mm

串珠
珍珠母
圓珠針

大米珠 170顆
以彈力線串起珍珠母＆
串珠，製作成手環。

B 單圈　珍珠母
3mm 4mm

接在珍珠母的對側。

▲作品圖皆為原寸大。

HOW TO MAKE　**A**至**D**作法相同。以下為**A**的圖解步驟。

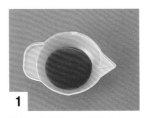

1
進行UV膠調色＆去除氣泡。

2
在銅線中央擺上鉛筆，先將其中一端鐵絲順著筆桿纏繞一圈（**CD**則是簽字筆），再於鐵絲交叉處旋轉3圈固定後剪斷。

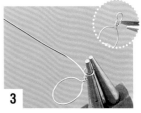

3
以尖嘴鉗在銅線圈交叉處下方作出一個小圈，再將纏繞鐵絲交叉處剪斷。最後以尖頭鉗將小圓圈夾扁些。

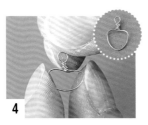

4
以指尖捏住銅線圈，下壓小圓圈進行塑型。將底端的銅線施力壓得略尖些，就會形成花瓣狀。

5
將小圓圈稍微往上拗。

6
以尖嘴鉗將銅線圈浸泡於染色UV膠中，緩慢地提起以形成薄膜。若難以產生薄膜，等待UV膠冷卻些再浸泡即可。

第1次

7
直接放入UV燈，照燈30秒。

第2次

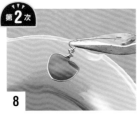

8
將銅線圈再次浸泡於染色UV膠中，照燈2分鐘。將小圓圈拗回原位，最後以單圈串接作品＆飾品五金。

21

7 西瓜+奇異果髮飾

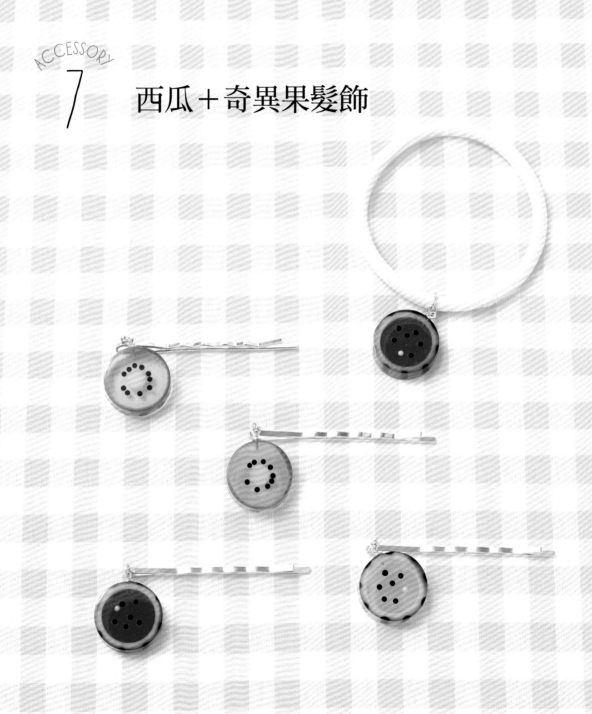

洋溢活力的維他命色系髮飾。
靈活運用圓環模具,就能作出帶有醒目果皮的水果切片。
就連西瓜內側的白瓜肉&奇異果的超薄果皮等實物細部,
也能擬真呈現呢!

《材料》●●●參見p.64，除了特別指定之外，皆各1個。

UV膠
　　共同材料 硬式UV

顏料
　　UV調色劑
　　西瓜 共同材料（瓜皮）綠色（403039）・黑色（403044）・白色（403045）
　　A B紅色（403035）＋橘色（403036）**C**黃色（403037）
　　奇異果 共同材料（果皮）褐色（403043）＋白色＋黃色・（芯）白色
　　D黃綠色（403038）**E**黃色＋黃綠色

密封・鑲嵌素材 各適量
　　共同材料 無孔圓珠 黑色（mini49）**ABC**白色（mini123）均為TOHO珠

飾品五金
　　共同材料 羊眼（PC-301160-G）・C圈（PC-300309-G）**ACDE**各1個 **B**2個
　　ACDE帶圈一字夾（PC-300559-G）**B**髮圈・單圈6mm（PC-300076-G）

其他材料
　　共同材料 軟模具 圓環（404174）9號
　　DE迷你飾品軟模具 圓形寶石切割（401013）A 直徑6mm

《用具》
基本用具（p.6）・飾品加工用具（p.9）

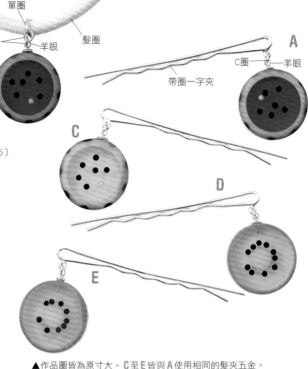

▲作品圖皆為原寸大。**C**至**E**皆與**A**使用相同的髮夾五金。

HOW TO MAKE **A**至**E**作法相同。以下為**A**的圖解步驟。

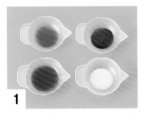

1
調製4色（綠色、黑色、紅色、白色）UV膠（p.7）（**DE**則需果皮・果實・芯共3色）。

2
沾取少許黑色UV膠，在圓環模具外圍點出1個約3mm的小黑點。

第**1**次
3
一邊避免UV膠流動，一邊放入UV燈內照燈30秒。

第**2~8**次
4
重複步驟**2・3**的作法，在圓環上作出8個小黑點。

第**9~16**次
5
在黑點與黑點之間灌入綠色UV膠後，照燈30秒。黑點之間的膠請分次灌入，直至灌完一圈。

第**17**次
6
以白色UV膠灌滿模具內側後，照燈2分鐘。（**DE**在外側塗上果皮色的膠後照燈30秒，內側再灌入果實色的膠後照燈30秒）。

7
脫模後放在底墊上。

8
從邊緣灌入2mm高的紅色UV膠，製作底層。

第**18**次
9
將無孔圓珠適度分散配置後，照燈30秒暫時固定。

第**19・20**次
10
從邊緣灌入透明UV膠，照燈2分鐘。以束鉗鑽孔並穿入羊眼（p.9）。最後接連在一字夾＆髮圈上就完成了！

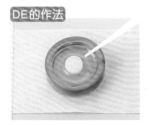

DE的作法
在步驟**6**時從邊緣灌入2mm高的果實色UV膠，照燈30秒。再將白色UV膠圓片配置在中央，照燈30秒暫時固定。

將無孔黑色圓珠配置在圓片周圍後，灌滿透明UV膠，照燈2分鐘。最後依步驟**10**的相同作法裝接五金就完成了！

ACCESSORY

8 紙膠帶手環

以紙膠帶纏繞寶特瓶一圈，
就能製作出超卡哇伊的手環，作法超級簡單！
以自己喜歡的紙膠帶，打造個人專屬花樣的手環。
由於本作品有一定高度，照燈時要先移除UV燈下的托盤＆架高使用。

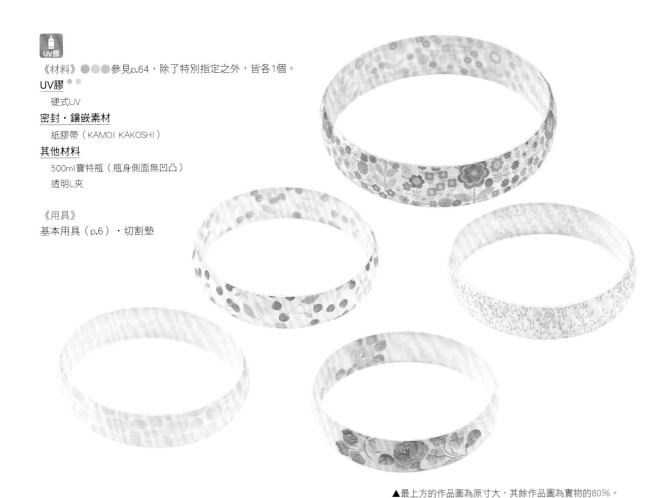

![UV膠圖示]

《材料》 ●●●參見p.64，除了特別指定之外，皆各1個。

UV膠 ●●
　硬式UV

密封・鑲嵌素材
　紙膠帶（KAMOI KAKOSHI）

其他材料
　500ml寶特瓶（瓶身側面無凹凸）
　透明L夾

《用具》
基本用具（p.6）・切割墊

▲最上方的作品圖為原寸大，其餘作品圖為實物的80%。

HOW TO MAKE
所有作品作法皆同。以下為最上方作品的圖解步驟。

放在切割墊上切割。

1 將紙膠帶纏繞寶特瓶一圈，頭尾兩端稍微重疊黏貼。

2 以美工刀割開瓶子。

3 以剪刀沿著紙膠帶剪掉多餘的部分。

4 剪好的半成品。

5 於紙膠帶上面薄塗一層UV膠。

照燈時要改變方向，使作品均勻硬化。

第1次

6 照燈30秒。為方便手伸入UV燈內，請先取下UV燈下方的托盤來調整高度。

第2-7次

7 重複步驟 **5・6** 的流程5次。手環的中央部位要儘量塗厚一些。最後放在透明L夾上照燈2分鐘。

8 完成！

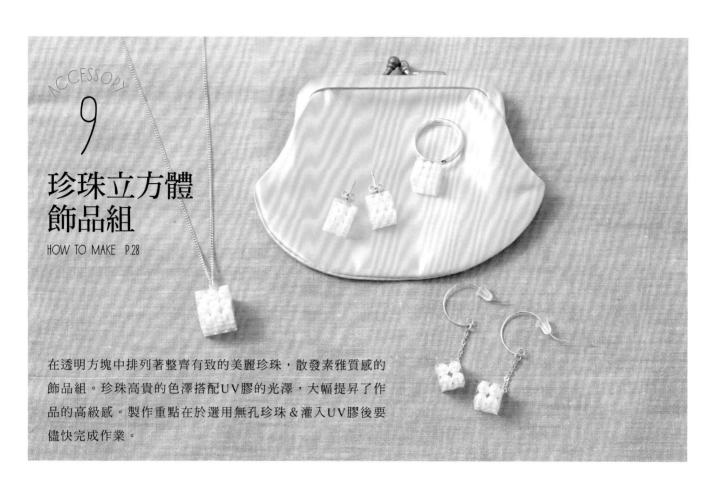

9

珍珠立方體
飾品組

HOW TO MAKE P.28

在透明方塊中排列著整齊有致的美麗珍珠,散發素雅質感的
飾品組。珍珠高貴的色澤搭配UV膠的光澤,大幅提昇了作
品的高級感。製作重點在於選用無孔珍珠＆灌入UV膠後要
儘快完成作業。

10

切面玻璃風
飾品組

HOW TO MAKE P.29

使用立方體模具製作成加入金箔的奢華飾品組。只要稍微在作品表面加工,
就會出現猶如切面玻璃般的折射光澤,展現純手工的細緻感。

ACCESSORY

11 原石風飾品組

HOW TO MAKE P.30

以液態矽膠將原石翻模後，

製作出形狀酷似原石的石頭矽膠模具，

就可以灌膠製作出飾品組了！

但並非一定要以真正的礦石來翻模，

使用尋常的石頭也OK，試著找出自己喜歡的形狀來製模吧！

9 珍珠立方體飾品組 P.26

《材料》●●●參見p.64，除了特別指定之外，皆各1個。

UV膠
　　共同材料 硬式UV

密封・鑲嵌素材
　　樹脂珍珠（無孔）白色3mm（OL-00562-01）・4mm（OL-00563-01）
　　A 4mm 27顆 **B** 4mm 16顆
　　C 3mm 27顆 **D** 3mm 54顆

飾品五金
　　A 附扣頭的項鍊（NH-40426-G）
　　羊眼（PC-301160-G）・單圈4mm（PC-300068-G）
　　B 耳鉤（PT-301976-G）
　　金屬鍊（BJ-168-G）・單圈3mm（PC-300066-G）2個
　　C 戒台8mm（PT-303216-G）
　　D 耳針（PT-301362-G）

其他材料
　　軟模具 立方體（404190）
　　A 12mm 方形 **B** 8mm 方形 **CD** 9mm 方形

《用具》
基本用具（p.6）
飾品加工用具（p.9）

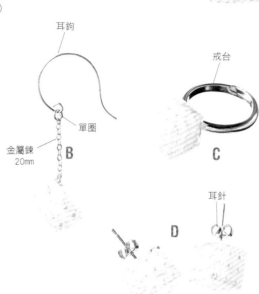

▲作品圖皆為原寸大。

HOW TO MAKE　　A至D作法相同。以下為A的圖解步驟。

珍珠要配置整齊喔！

1 在模具中薄灌一層UV膠。

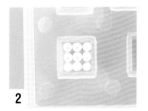

2 配置9顆珍珠（**B**則為4顆）。

3 薄灌一層UV膠，第二層同樣放入9顆珍珠。

4 薄灌一層UV膠，配置第三層珍珠（**B**則只有兩層）。

5 以膠灌滿模具，照燈2分鐘後脫模取出。

6 以束鉗連同珍珠一起鑽孔，再將羊眼沾膠穿入孔中（p.9）。

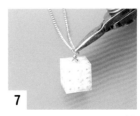

7 以單圈串接項鍊＆羊眼（**CD**則沾膠黏接合於飾品五金上，照燈2分鐘）。

B的作法
將金屬鍊放入模具的邊角處，再硬化UV膠。

28

10 切面玻璃風飾品 P.26

UV膠

《材料》●●●參見p.64，除了特別指定之外，皆各1個。

UV膠 ●●
共同材料 硬式UV

密封・鑲嵌素材 ●
共同材料 金屬箔片
A 金色大理石紋（RS-247）
BC 金色（RS-244）

飾品五金
A 細鍊（BJ-169-G）● 42cm・粗鍊（BJ-172-G）● 5cm
龍蝦釦（PC-300103-G）●・羊眼（PC-301160-G）●
C圈（PC-300309-G）● 2個・單圈5mm（PC-300307-G）●
B 細鍊（BJ-169-G）● 8cm×2條・粗鍊（BJ-172-G）● 5cm
龍蝦釦（PC-300103-G）●・C圈（PC-300309-G）● 4個
9針（PC-300041-G）● 2個
C 耳針（PC-301362-G）●

其他材料
共同材料 OPP透明包裝紙（也可利用貼紙包裝袋）
軟模具 立方體（404190）**A** 13mm **BC** 各11mm

《用具》
基本用具（p.6）・飾品加工用具（p.9）

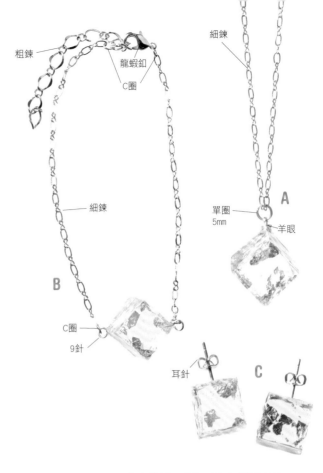

▲作品圖皆為原寸大。**A** 的扣頭與 **B** 相同。

HOW TO MAKE　**A** 至 **C** 作法相同。以下為 **A** 的圖解步驟。

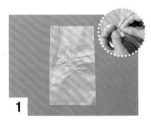

1 將OPP透明包裝紙以揉捏折疊的方式製造出皺褶。

2 在模具內塗上一層UV膠，將金屬箔片分散黏貼。

第**1・2**次
3 金屬箔片遍佈整體後，照燈30秒。以UV膠灌滿模具，同樣於上層配置金屬箔片，照燈2分鐘後脫模取出。

4 脫模取出半成品。

第**3**次
5 將朝下的面塗上UV膠後，黏合在步驟**1**的包裝紙上＆放入UV燈內，以手指按壓著照燈30秒，再移開手照燈1分半。

6 待膠硬化後撕下包裝紙，就會呈現出切割玻璃般的切面感。

第**4~8**次
7 以斜剪鉗修整毛邊。其餘5面也依步驟**4**至**7**的作法來製作。

第**9**次
8 以束鉗在邊角處鑽孔，再以沾膠的羊眼穿入孔中（**B** 則是放入剪至5mm長的9針）照燈2分鐘。最後以單圈將作品串接在飾品五金上（**C** 則是將耳針沾膠穿入孔中後，照燈2分鐘）。

11 原石風飾品組 P.27

UV膠

《材料》●●●●參見p.64，除了特別指定之外，皆各1個。

UV膠

共同材料 硬式UV

顏料

共同材料 UV調色劑

粉紅碧璽 ADG 粉紅色（403034）＋黃色（403037）

紫水晶 BEFG 紫色（403042）

橄欖石 CF 黃綠色（403038）

藍色托帕石 FG 藍綠色（403040）＋白色（403045）

密封・鑲嵌素材

FG 亮片粉（WD-01006-WH）

飾品五金

AB 附扣頭的項鍊（NH-40426-G）

羊眼（PC-301160-G）・單圈4mm（PC-300068-G）

CD 耳針（OL-00532-CR）

E 戒台（PT-302433-G）

FG 圓台一字夾（PT-300789-G1）

其他材料

共同材料 翻模物（本作品使用原石）

紙杯2個・雙面膠・透明液態矽膠（404172）

FG 透明L夾

《用具》

基本用具（p.6）・飾品加工用具（p.9）

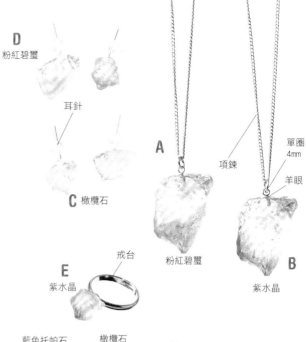

D
粉紅碧璽

耳針

A

項鍊

單圈
4mm

羊眼

C 橄欖石

粉紅碧璽

B

紫水晶

戒台

E

紫水晶

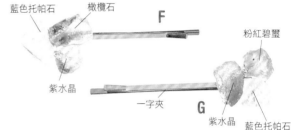

藍色托帕石　橄欖石

F

粉紅碧璽

紫水晶

一字夾

G

紫水晶　藍色托帕石

▲作品圖皆為原寸大。

HOW TO MAKE　A至G作法相同。以下為A的圖解步驟。步驟1至4的作業需時1天。

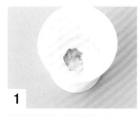

1
以雙面膠將石頭黏貼固定在紙杯底部。

2
在另一個紙杯中，倒入足以淹沒翻模物的液態矽膠。在杯內加入等比例的A、B劑並攪拌。

3
確實地攪拌均勻。

4
將液態矽膠慢慢地倒入杯中，直至淹沒步驟1的翻模物後放置1日。

5
放置1日後。

6
撕破紙杯取出模具。

7
取出的模具底部。

8
取出翻模物後，矽膠模具就完成了！

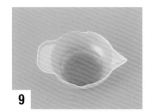

9

進行UV膠調色（p.7）。

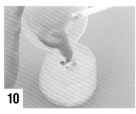

10

以染色的UV膠灌入步驟**8**的模具中至1/3滿。

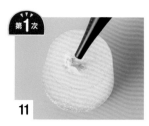

第1次

11

以透明UV膠灌滿模具。**FG**的藍色托帕石則需加入亮片粉。照燈2分鐘。

12

脫模取出作品。

第2次

13

以束鉗鑽孔。

14

以沾膠的羊眼穿入孔中，照燈2分鐘。

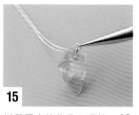

15

以單圈串接作品＆項鍊，**AB**就完成了！**CDE**則是將作品＆飾品五金沾膠後，照燈2分鐘黏接固定。

FG的作法

在L夾上滴上液態膠，將3個樹脂作品聚集在一起照燈2分鐘。再與飾品五金沾膠照燈2分鐘就完成了！

▼p.16的玻璃杯＆馬克杯吊飾原寸紙型。疊放上熱縮片即可進行描繪。

A 紅色 **B** 藍色 **AB** 黑色

AB 黑色

EF 黑色

E 紅色 **F** 黃色

E 藍色 **F** 綠色

CD 黑色

C 綠色 **D** 水藍色

黑色

綠色 粉紅色

黑色

綠色 粉紅色

ACCESSORY

12 水滴珠髮簪&耳環

串連水滴配件，即可完成清爽感十足的飾品。
將氣泡融入設計，採用層層塗抹UV膠的技巧，
營造出宛如吹玻璃般的夢幻質感。

《材料》●●●參見p.64，除了特別指定之外，皆各1個。

UV膠 ●●
　　共同材料 硬式UV

顏料 ●
　　共同材料 UV調色劑
　　A 粉紅色（403034）・紅色（403035）・黃色（403037）
　　B 黃色（403037）・紫色（403042）
　　　黃綠色（403038）＋藍綠色（403040）
　　C 黃綠色＋藍綠色・紫色
　　D 粉紅色・紅色

吊飾 ●
　　AB 大鐵絲花 （BJ-400G）
　　CD 小鐵絲花 （BJ-399G）各2個

飾品五金
　　共同材料 金屬鍊（BJ172-G）●**AB** 各5cm **CD** 各2cm
　　單圈5mm（PC-300307-G）●**AB** 各6個 **CD** 各4個
　　單圈4mm（PC-300068-G）●2個
　　AB 髮簪（PT-300344-SN）●
　　CD 耳鉤（PC-300091-G5）●

其他材料
　　共同材料 迷你飾品軟模具 零組件（401015）●
　　帶圈底座〈圓形〉

《用具》
基本用具（p.6）・飾品加工用具（p.9）

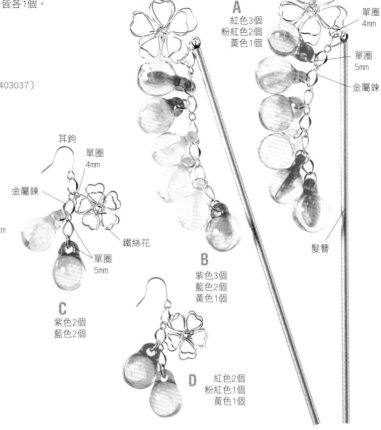

鐵絲花

A
紅色3個
粉紅色2個
黃色1個

單圈
4mm

單圈
5mm

金屬鍊

耳鉤

單圈
4mm

金屬鍊

鐵絲花

單圈
5mm

鐵絲花

髮簪

B
紫色3個
藍色2個
黃色1個

C
紫色2個
藍色2個

D
紅色2個
粉紅色1個
黃色1個

▲作品圖皆為原寸大。

HOW TO MAKE　　**A**至**D**作法相同。以下為**A**的圖解步驟。

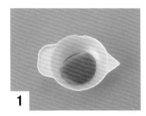

1
請參見材料欄，依指定顏料進行UV膠調色（p.7）。此作品不需消除氣泡。

2
從模具圓孔端灌入染色UV膠後，再於底端灌入透明UV膠，使染色UV膠自然地渲染開來。

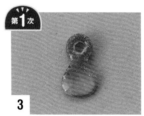

第**1**次

3
立刻照燈2分鐘，脫模取出作品。

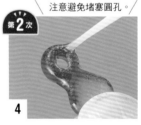

第**2**次

注意避免堵塞圓孔。

4
以調色棒等尖頭物品沾取透明UV膠，塗抹在圓孔正反面的周圍。照燈2分鐘。

第**3~8**次

5
以平口鉗夾住圓孔端，在另一端滴上透明UV膠後照燈30秒。雙面輪流滴膠，重複照燈5至6次。

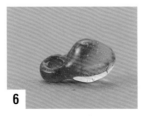

6
重複滴膠至UV膠隆起，呈現水滴形狀即可。

7
左邊為步驟**3**時的狀態，右邊為步驟**6**時的狀態。**AB** 依指定配色各製作出6個（**CD** 則為各4個）。

8
以單圈將圓孔＆金屬鍊串接在一起。

13 花卉系列半球髮飾

花卉配件常用於詮釋自然調性，
但選用花色濃郁的配件搭配染色UV膠，
便能醞釀出奢華的成熟俏麗感。

UV膠

《材料》 ●●●●參見p.64，除了特別指定之外，皆各1個。

UV膠 ● ●
共同材料 硬式UV

顏料 ●
共同材料 UV調色劑
ACD 粉紅色（403034）・黃色（403037）・藍色（403041）
B 粉紅色・黃色・黃綠色（403038）

密封・鑲嵌素材 各適量（未指定皆為 ●）
A 人造花 紅色（RS-212）・暗粉紅色（RS-211）
原色（RS-209）・藍色（RS-218）・亮藍色（RS-216）
蕾絲花 粉紅色（RS-117）・3D造型貼片 蝴蝶（PPF-100）
花瓣（PPF-99）・花（PPF-93）
B 人造花 紅色（RS-212）・亮藍色（RS-216）・綠色（RS-222）
原色（RS-209）・藍色（RS-218）・蕾絲花 紫色（RS-121）
3D造型貼片 蝴蝶（PPF-100）
C 人造花 紅色（RS-212）・原色（RS-209）
樹脂珍珠（無孔）3mm（OL-00562-01）● ・奧地利水鑽（SS12）
D 人造花 暗粉紅色（RS-211）・原色（RS-209）
藍色（RS-218）・蕾絲花 紫色（RS-121）
3D造型貼片 蝴蝶（PPF-100）

飾品五金
AB 髮繩（寬版鬆緊帶）**C** 帶圈一字夾（PC-300559-G1）●
羊眼（PC-301160-G）● ・**C** 圈（PC-300309-G1）● ・**D** 一字夾（BJ-166G）●

其他材料
軟模具 半球型（404176）**AB** 直徑28mm **C** 直徑18mm **D** 直徑20mm
AB 迷你飾品軟模具 零組件（401015）髮圈扣頭〈大〉

《用具》
基本用具（p.6）・飾品加工用具（p.9）

▲作品圖皆為原寸大。

髮繩

A

B

羊眼

C圈

C

帶圈一字夾

D

一字夾

HOW TO MAKE　**A** 至 **D** 作法相同。以下為 **A** 的圖解步驟。

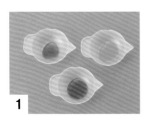

1
調製3種顏色的UV膠（p.7）。

第**1・2**次

2
以透明UV膠塗抹模具內側，照燈30秒。再次以UV膠抹內側，將蝴蝶貼片背面朝上配置，照燈30秒。

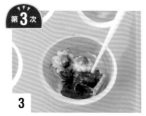

第**3**次

3
將透明UV膠灌至模具的1/3，花面朝下配置。一邊塗膠一邊調整配件的位置，照燈30秒。

第**4**次

4
以透明UV膠灌至覆蓋花朵後，將3色UV膠分次滴入模具內，每次2至3滴。滴入時要避免不同顏色的膠混在一起，再照燈30秒。

第**5**次

5
將透明UV膠灌至模具邊緣下方2mm處，放入花瓣貼片照燈30秒。

第**6**次

6
以透明UV膠灌滿模具後，分次滴入染色UV膠，每次2至3滴。照燈2分鐘後脫模取出。

第**7**次

7
以UV膠製作 **AB** 的髮圈扣頭（p.9）。**C** 則是製作2個半球後黏合在一起（p.42-**3**），再安裝羊眼（p.9）。

第**8**次

8
AB 以扣頭夾住髮繩後沾膠，先拿在手上照燈30秒，再直接照燈1分半鐘。**C** 以C圈串接一字夾。**D** 則是將飾品五金沾膠黏貼作品後照燈2分鐘。

14 摺紙系列の和風飾品組 HOW TO MAKE P.39

以和風色紙摺出小花，
再以UV膠增添質感。
活用和風色紙豐富的花樣，
即可打造風情萬種的作品。

15 英倫印花布系列の腰帶釦飾＆耳環

HOW TO MAKE P.38

將英倫印花布與透明UV膠物件黏合後，以爪扣底座加強固定。
再安裝在尺寸符合的底托＆五金配件上，就能作出腰帶飾品或耳針。
更換底托後，還能化身為胸針呢！

16 日式摺紙系列の戒指＆耳環

HOW TO MAKE　P.40 至 P.41

將和風色紙密封於UV膠中，原本的色彩就會展現出美麗的透皙感。

使用模具來製作成飾品，更能將這份魅力發揮得淋漓盡致。

將和風色紙以外的紙封存入UV膠時，色澤會變得暗沉，建議先塗抹保護劑後再使用。

15 英倫印花布系列の腰帶鈕飾&耳環 P.36

《材料》●●●參見p.64，除了特別指定之外，皆各1個。

UV膠
　　共同材料 硬式UV

密封‧鑲嵌素材
　　共同材料 Liberty棉印花布

吊飾
　　C 迷你流蘇 粉紅色（WD-01002-PK）2個
　　D 迷你流蘇 白色（WD-01002-WH）2個

飾品五金
　　腰帶固定鈕環 約15×20mm A 金色 B 銀色
　　底座 A 四方形 # 4627 B 橢圓形 # 4127
　　CD
　　可貼式耳針6mm（PT-301362-G）
　　單圈3mm（PC-300066-G）2個
　　C 橢圓形爪扣底座J（403029）2個
　　D 四方形爪扣底座I（403028）2個

其他材料
　　共同材料 保護劑（404191）
　　AB 軟模具 寶石（404122）A 四方形 B 橢圓形
　　CD 迷你飾品軟模具 四方形&橢圓形寶石切割（401009）
　　C 橢圓形12×9mm D 四方形12×9mm

《用具》
基本用具（p.6）‧飾品加工用具（p.9）‧吹風機

A 四方形

B 橢圓形

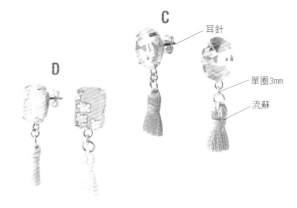

C

D

耳針

單圈3mm

流蘇

▲作品圖皆為原寸大。

HOW TO MAKE　A至D作法相同。以下為A的圖解步驟。

布&UV膠物件皆為背面朝上。

1
以透明UV膠灌滿模具，照燈2分鐘取出脫模。

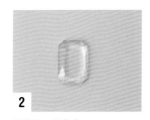

2
脫模的UV膠物件。

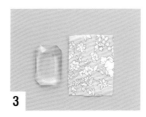

3
將布剪裁成略大於UV膠物件的尺寸。

4
將UV膠物件放在底墊上。將布擺在上面後塗抹保護劑&以吹風機吹乾（約10分鐘）。

5
待布乾燥後就會黏貼於UV膠物件上，接著以剪刀沿著物件剪去多餘部分。

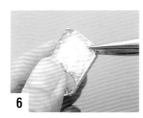

6
將底座放在UV膠物件上，以平口鉗壓下爪扣進行固定。

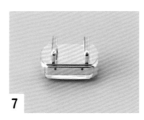

7
以接著劑黏接腰帶固定鈕環。

CD的作法

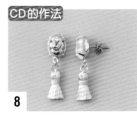

8
耳針沾膠黏貼五金配件後照燈2分鐘，最後再以單圈串接流蘇就完成了！

38

14 摺紙系列の和風飾品組 P.36

UV膠

《材料》●●●參見p.64，除了特別指定之外，皆各1個。

UV膠 ●●
共同材料 硬式UV

密封・鑲嵌素材
共同材料 和風色紙 3cm 正方形 **A**1張 **B**5張
C3張 **D**1張 **E**6張

串珠
ACD 無孔珠（miniPF557）TOHO珠
B 無孔珠（mini121）TOHO珠
E 車輪珠
不透明米色（DP-00559-84A）●
白蛋白色（DP-00559-014A）●
雪花石膏粉紅色（DP-00559-027D）●
無孔珠（miniPF557）TOHO珠

飾品五金
A 戒台（PT-300183-G）●
B 彈力髮夾60mm（BJ-167G）●
C 髮插（EU-00527-G）●
D 帶底座一字夾（PT-300789-G1）●
E 蜂巢網片髮簪（PT-300725-G1）●
金屬鍊（BJ-172G）● 40mm
單圈3mm（PC-300066-G）● 7個
圓珠針（BJ-164G）● 6個

《用具》
基本用具（p.6）
飾品加工用具（p.9）・棉花棒

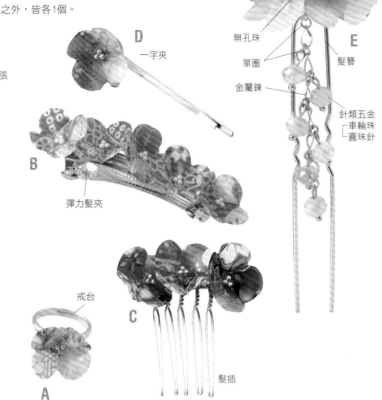

D 一字夾

無孔珠
單圈
髮簪
金屬鍊

E

針類五金
車輪珠
圓珠針

B

彈力髮夾

戒台

A

戒台

C

髮插

▲作品圖皆為原寸大。

HOW TO MAKE　A至E作法相同。以下為A的圖解步驟。

捏住後往下扭。

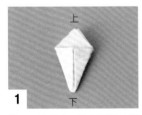

1
依p.40的摺法，將色紙摺成下圖的形狀。

2
以剪刀將頂端尖角剪圓。

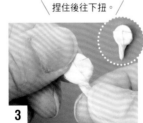

3
將p.40的摺痕向下扭轉，使整體呈現扇形。

4
捏住扭轉的軸心，撥開4片花瓣。

第**1**次

5
捏住軸心，以棉花棒沾膠塗抹花瓣正反兩面，照燈2分鐘。

第**2**次

6
以斜剪鉗剪掉軸心根部後，放在底墊上。在花朵中央塗膠＆配置珠子，照燈2分鐘。

第**3**次

7
戒台沾膠黏合紙花後，拿著照燈2分鐘。製作BCD時，也是在各自的五金配件上沾膠來黏合作品。

E的作法

將蜂巢網片接黏在髮簪上，再將一朵紙花沾膠黏貼在網片中央，照燈2分鐘。以相同作法分次將紙花黏貼在網片周圍。

14 和風飾品摺紙　紙花的摺法

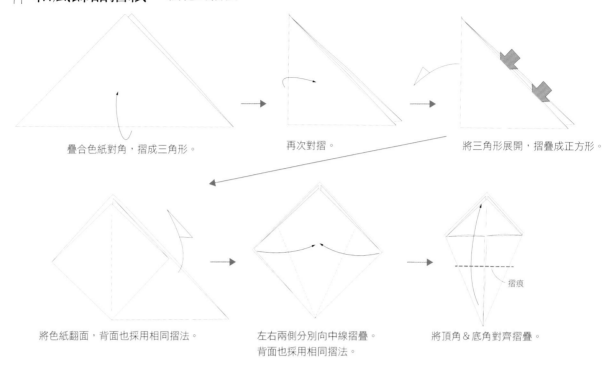

疊合色紙對角，摺成三角形。

再次對摺。

將三角形展開，摺疊成正方形。

將色紙翻面，背面也採用相同摺法。

左右兩側分別向中線摺疊。
背面也採用相同摺法。

摺痕

將頂角＆底角對齊摺疊。

16 日式摺紙系列の戒指＆耳環 P.37

《材料》●●●參見p.64，除了特別指定之外，皆各1個。

UV膠 ● ●
　　共同材料 硬式UV

密封・鑲嵌素材
　　共同材料 和風色紙 10×5cm

顏料 ●
　　僅耳針 共同材料 UV調色劑
　　A 紅色（403035）B 黑色（403044）C 黃色（403037）
　　D 黃綠色（403038）E 藍綠色（403040）

串珠
　　A 捷克圓珠（FE-0004023）● 2顆
　　B 金屬珠（PC-300219-G）● 2顆
　　C 黃色大圓珠（No.12）6顆 D 綠色大圓珠（No.7）6顆
　　E 藍色大圓珠（No.2104）6顆 CDE 皆為TOHO珠

飾品五金 ●
　　僅耳環
　　共同材料 耳針（PC-301372-G）
　　單圈3mm（PC-300066-G）2個・9針（PC-300041-G）4個

其他材料
　　A-E 迷你飾品軟模具
　　四方形＆橢圓形寶石切割（401009）
　　ACD 橢圓形12×9mm BE 四方形12×9mm
　　僅戒指 軟模具 圓環（404174）13號
　　木工用接著劑・L夾（剪成邊長10cm的四方形）

《用具》
基本用具（p.6）・飾品加工用具（p.9）

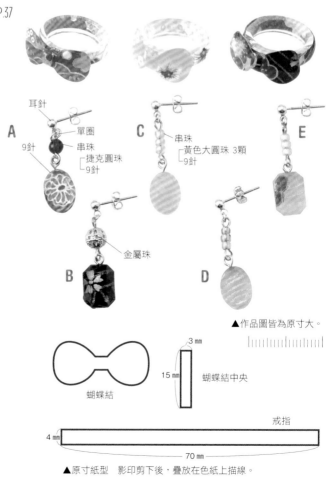

耳針

A
　單圈
9針　串珠
　　　捷克圓珠
　　　9針

C
　串珠
　　黃色大圓珠 3顆
　　9針

E

B
　　金屬珠

D

▲作品圖皆為原寸大。

3mm
15mm　蝴蝶結中央
蝴蝶結

戒指
4mm
70mm

▲原寸紙型　影印剪下後，疊放在色紙上描線。

HOW TO MAKE

戒指

1
將色紙剪成色紙紙型的形狀。

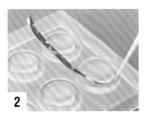

2
在圓環模具中加入透明UV膠＆戒環色紙。色紙要沿著模具的外側配置。

第1次

3
照燈2分鐘後脫模取出。

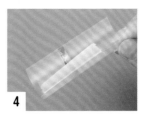

4
以L夾捲繞在戒環的外圍。以膠帶固定圓筒後，拔出戒環。

第2次

5
在圓筒上塗膠，貼上蝴蝶結色紙。接著在蝴蝶結表面塗膠，照燈2分鐘。

6
將蝴蝶結從圓筒上撕下，以剪刀修剪掉多餘的毛邊。

第3~5次

7
將戒環平放在底墊上，於側面邊緣塗抹UV膠照燈2分鐘。戒環的另一側也同樣塗膠照燈。最後也在外圍塗膠，照燈2分鐘。

8
以色紙纏繞蝴蝶結的中央，再以接著劑黏合固定。

第6次

9
在蝴蝶結背面中央塗膠，黏貼於戒環上。拿著照燈30秒，再放置在UV燈下照燈1分半鐘。

第7~9次

10
在蝴蝶結表面塗膠，照燈30秒。重複本步驟3次。

A至E作法相同。以下為A的圖解步驟。

耳針

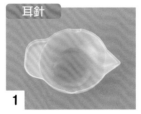

1
進行UV膠調色（p.7）。

2
將9針剪至5mm。為方便插入UV膠中，請在圖中的箭頭位置稍微製作出弧度。

第1次

3
以染色的UV膠灌滿模具。將9針尾端插向模具底部，照燈2分鐘後脫模取出。將色紙剪成模具的形狀。

第2次

4
以透明UV膠灌滿同一個模具後，將剪好的色紙背面朝上放入膠中，照燈2分鐘後脫模取出。

5
完成2個半成品。

第3次

6
分別在2個半成品背面塗膠並黏合。以手捏合照燈30秒，再放入UV燈內照燈1分半鐘。製作穿針飾品時，最後以單圈串接就完成了！

ACCESSORY
17
糖果色貓咪耳環

小巧玲瓏的貓咪耳環相當俏皮可愛。將小球體當成臉，
以膠黏上三角金屬配件後，貓耳朵就出現了！

UV膠

《材料》 ●○○ 參見p.64，除了特別指定之外，皆各1個。

UV膠 ● ●
　　共同材料 硬式UV

顏料 ●
　　共同材料 UV調色劑
　　A 黃綠色（403038）＋白色（403045）
　　B 粉紅色（403034）＋白色
　　C 藍綠色（403040）＋白色
　　D 黃色（403037）＋白色
　　E 紫色（403042）＋白色
　　F 黑色（403044）＋白色

鑲嵌素材 ●
　　共同材料 迷你金屬配件 三角形
　　ABF 金色（BJ-109-G）各4個 **CDE** 銀色（BJ-109-S）各4個

飾品五金 ●
　　共同材料 耳針（PT-300810-G）

其他材料 ●
　　共同材料 迷你飾品軟模具 基本款
　　半球形＆橢圓形（401007）半球形8mm

《用具》
基本用具（p.6）・飾品加工用具（p.9）

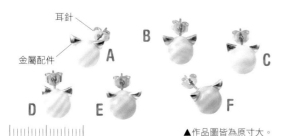

耳針

金屬配件

A　B　C　D　E　F

||||||||||||||||

▲作品圖皆為原寸大。

HOW TO MAKE **A**至**F**作法相同。以下為**A**的圖解步驟。

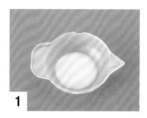

1

進行UV膠調色（p.7）。

第1・2次

2

以膠灌滿模具，照燈2分鐘後脫模取出。製作2個半球體。

第3次

3

在兩個半球體背面塗膠，黏合成一顆圓球。先以手捏合照燈30秒，再放置在UV燈內照燈1分半鐘。

第4次

4

將整顆球放入模具中，耳針五金沾膠黏於球上，先壓住照燈30秒，再放置在UV燈內照燈1分半鐘後取出。

第5次

5

將三角配件沾膠黏於球形黏合處，先壓住照燈30秒，再放置在UV燈內照燈1分半鐘。

第6・7次

6

以膠黏上另一個三角配件，壓住照燈30秒，再放置在UV燈內照燈1分半鐘。最後再次在三角配件後側上膠，照燈2分鐘。

ACCESSORY

18 達拉木馬胸針

達拉木馬是北歐的代表性設計圖樣。
使用熱縮片＆布料，打造洋溢溫馨氣息的胸針。

UV膠　熱縮片

《材料》●●●參見p.64，
除了特別指定之外，皆各1個。

UV膠 ●●
　硬式UV

熱縮片 ●
　0.3mm（PL5-3001）

密封・鑲嵌素材
　Liberty印花布 7cm 正方形

飾品五金 ●
　胸針20mm（404129）

其他材料 ●
　保護劑（404191）

《用具》
基本用具（p.6）
吐司烤箱・吹風機

◀原寸紙型
疊放上熱縮片進行描繪（p.5）。

|||||||||||||||||||||
▲作品圖為加熱後的實物尺寸。

HOW TO MAKE 作法皆相同。以下為左圖作品的圖解步驟。

1
正面
加熱前　加熱後

將熱縮片剪成紙型的形狀後，
放入吐司烤箱中加熱縮小
（p.5）。

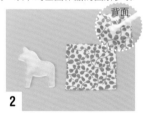

2
背面

布料背面朝上疊放在熱縮片的
背面上，塗抹保護劑後，以吹
風機吹乾（約10分鐘）。

3
背面

沿著熱縮片修剪布料。接著於
背面塗抹保護劑，以吹風機吹
乾。

第1次
4
背面

放在底墊上，將背面＆側面塗
膠，照燈2分鐘。

第2·3次
5

正面塗膠後照燈30秒。塗膠至
表面隆起的程度，照燈2分鐘。

第4次
6
背面

將胸針五金沾膠黏貼在馬的
背面，照燈2分鐘就完成了！

ACCESSORY

19 迷你棒棒糖耳環

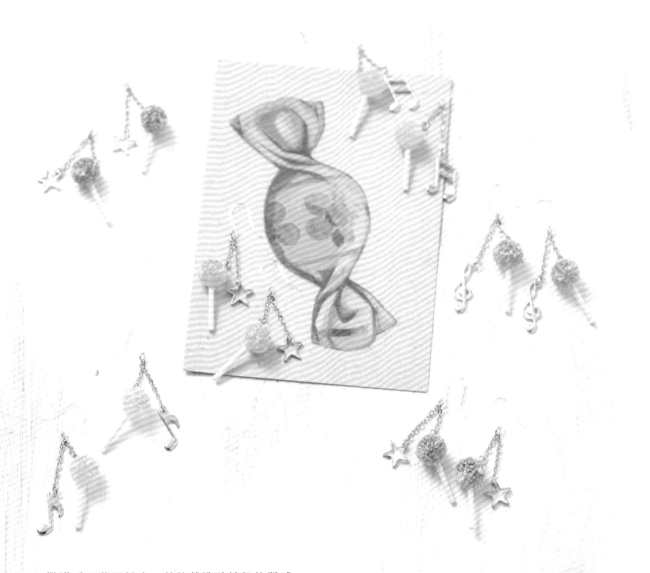

撒滿手工藝用粉末，就能營造砂糖般的質感，
作出看起來超可口誘人的棒棒糖。
袖珍小巧的尺寸，最適合製作成耳環了！
棒棒糖棍則是以嬰兒專用棉花棒製作而成。

UV膠

《材料》●●●參見p.64，除了特別指定之外，皆各1個。

UV膠 ●●
　　共同材料 硬式UV

顏料 ●
　　共同材料 UV調色劑
　　A 草莓 紅色（403035）
　　B 柳橙 橘色（403036）
　　C 哈密瓜 黃綠色（403038）
　　D 葡萄 紫色（403042）
　　E 彈珠汽水 藍綠色（403040）＋黃綠色
　　F 鳳梨 黃色（403037）

密封・鑲嵌素材
　　共同材料 手工藝用糖粉・嬰兒專用棉花棒（15mm・剪成2根）

吊飾
　　ADE 星星（BJ-480G）● 各2個
　　C 音符♬15mm（PC-300577-G）● 2個
　　B 高音譜號（PC-300578-G）● 2個
　　F 音符♪13mm（PC-300572-G）● 2個

飾品五金
　　共同材料 耳鉤（OL-00144）● ・金屬鍊（BJ-168G）● 5cm
　　單圈3mm（PC-300066-G）● 6個・9針（PC-300041-G）● 2個

其他材料 ●
　　共同材料 迷你飾品軟模具 基本款
　　半球形＆橢圓形（401007）半球形 8mm

《用具》
基本用具（p.6）・飾品加工用具（p.9）・迷你湯匙

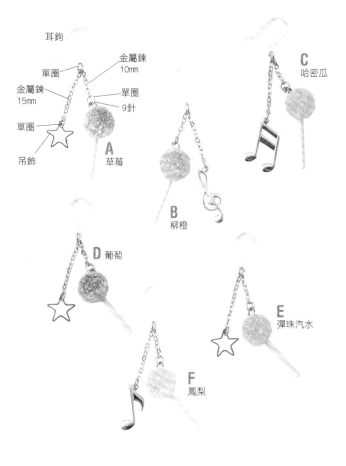

耳鉤

金屬鍊 10mm
單圈
金屬鍊 15mm
單圈
9針
單圈
吊飾
A 草莓

C 哈密瓜

B 柳橙

D 葡萄

E 彈珠汽水

F 鳳梨

▲作品圖與實物等大。

HOW TO MAKE　A至F作法皆相同。以下為A的圖解步驟。

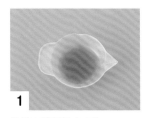

1
進行UV膠調色（p.7）。

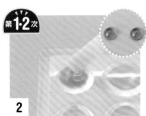

第**1・2**次

2
以染色的UV膠灌滿模具，照燈2分鐘後取出。製作2個相同的半球體。

第**3**次

3
在2個半球體背面塗膠，黏合成一顆圓球，以手捏合照燈30秒，再放置在UV燈內照燈1分半鐘。

4
以束鉗鑽孔。

第**4・5**次

5
將棉花棒的棍子尖端沾膠後，插入孔中照燈30秒。再將整根棍子＆接合處上膠，照燈2分鐘。

第**6**次

6
以束鉗再次鑽出極小的孔，將剪至3mm長的9針沾膠插入孔中，照燈2分鐘。

第**7**次

7
將整顆球塗膠＆撒上手工藝用糖粉後，以手拿著照燈30秒，再放置在UV燈內照燈1分半鐘。

8
以單圈串接耳鉤＆作品。

20 冰淇淋・蘑菇の胸針＆吊飾

HOW TO MAKE P.48

此系列是將熱縮片貼上紙膠帶製作而成的小飾品。

無論是冰淇淋還是蘑菇，

都是以三至四個熱縮膠片拼組而成，因此能展現出立體感。

至於花紋挑選，則建議選擇點點、條紋等鮮明的款式。

幸運星手鍊＆耳環

HOW TO MAKE　P.49

以UV膠塗滿鼓起的紙星星就完成了！

由於配件相當輕盈，即使掛一整串在手鍊上，也感受不到重量。

以紙膠帶摺製五角星的過程也很有趣，快來挑戰看看吧！

20 冰淇淋・蘑菇の胸針＆吊飾 P.46

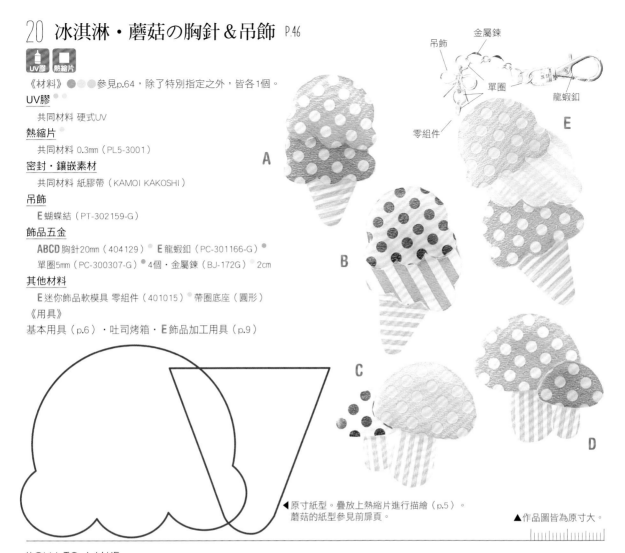

《材料》●●● 參見p.64，除了特別指定之外，皆各1個。

UV膠
共同材料 硬式UV

熱縮片
共同材料 0.3mm（PL5-3001）

密封・鑲嵌素材
共同材料 紙膠帶（KAMOI KAKOSHI）

吊飾
E 蝴蝶結（PT-302159-G）

飾品五金
ABCD 胸針20mm（404129）● E 龍蝦釦（PC-301166-G）●
單圈5mm（PC-300307-G）● 4個・金屬鍊（BJ-172G）● 2cm

其他材料
E 迷你飾品軟模具 零組件（401015）● 帶圈底座（圓形）

《用具》
基本用具（p.6）・吐司烤箱・E飾品加工用具（p.9）

◀ 原寸紙型。疊放上熱縮片進行描繪（p.5）。
蘑菇的紙型參見前扉頁。

▲作品圖皆為原寸大。

HOW TO MAKE　A至E作法皆相同。以下為A的圖解步驟。

1
將熱縮片剪成紙型的形狀後，放入吐司烤箱中加熱縮小（p.5）。

2
將紙膠帶貼在熱縮片正面。如果紙膠帶不夠寬，請分次重疊貼滿。

3
沿著熱縮片的邊緣修剪膠帶。

4
完成3個飾片。

5 第1-6次
將飾片放在底墊上，以膠塗抹表面＆側面，照燈30秒。再以膠塗至稍微凸起的狀態，照燈2分鐘。其他飾片作法亦同。

6 第7次
以膠塗抹飾片背面來黏合其他飾片。先拿在手上照燈30秒，再放置在UV燈內照燈1分半鐘。

7 第8・9次
從飾片接縫處灌膠，照燈2分鐘。再將胸針五金沾膠黏於作品上，照燈2分鐘。

8 吊飾
以透明UV膠製作帶圈底座（p.9）。在冰淇淋背面塗膠黏合底座，照燈2分鐘。至於金屬鍊及其他配件，以單圈串接即可。

21 幸運星手鍊&耳環 P.47

《材料》●●●參見p.64，除了特別指定之外，皆各1個。

UV膠 ●●
共同材料 硬式UV

密封・鑲嵌素材
共同材料 紙膠帶 寬15mm（KAMOI KAKOSHI）

串珠 ●
雪珍珠（JP-00076-1）**ABD** 各2個 **C** 8個

飾品五金
A 帶圈耳針（PC-301372-G）●
9針（PC-300041-G）● 4個
BD 耳鉤（PC-300091-G）●
金屬鍊（BJ-172G）● 1.5cm
單圈4mm（PC-300068-G）● 8個
造型針（PC-300697-G）● 2個
9針（PC-300041-G）● 4個
C 附鍊頭的金屬手鍊（PC-301058-G）●
單圈4mm（PC-300068-G）● 16個
圓珠針（PT-300850-G）● 8個
9針（PC-300041-G）● 8個

其他材料
共同材料 A4影印紙

《用具》
基本用具（p.6）
飾品加工用具（p.9）
棉花棒

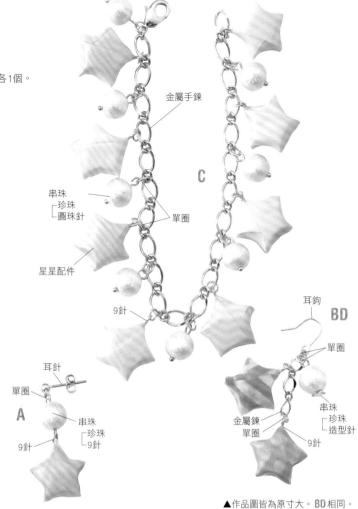

金屬手鍊

C

串珠
┌珍珠
└圓珠針

單圈

星星配件

9針

耳針

單圈

A

9針

串珠
┌珍珠
└9針

耳鉤

BD

單圈

串珠
┌珍珠
└造型針

金屬鍊

單圈

9針

▲作品圖皆為原寸大。**BD** 相同。

HOW TO MAKE　**A** 至 **D** 作法皆相同。以下為 **A** 的圖解步驟。

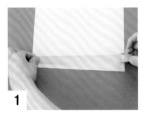

1
將紙膠帶貼在A4紙的短邊上，依紙膠帶的寬度剪裁

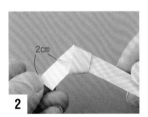

2
在距離前端2cm處摺製一個結。

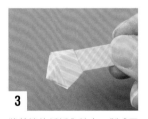

3
將前端的紙插入結中，製成五角形。

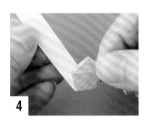

4
沿著五角形的邊摺疊。

5
最後將尾端剪至1cm，插入五角形中。

6
以手指壓捏五角形的邊，使五角形隆起，調整成漂亮的星形。

7
將剪至5mm長的9針沾膠插入尖角的縫隙中，照燈2分鐘。再以鉗子夾住9針，以棉花棒將整體塗滿膠後，一邊改變方向一邊照燈2分鐘。

8
串連星星配件＆其他配件就完成了！**BCD** 則是以單圈將星星配件串連在飾品五金上。

49

ACCESSORY
22

巧克力甜點風包鍊

搭配無光澤珍珠製作而成的包鍊。

以貼紙加以點綴，便能營造出巧克力般的光滑質感。

《材料》●●●參見p.64，除了特別指定之外，皆各1個。

UV膠 ●●
　　共同材料 硬式UV

顏料 ●
　　共同材料 UV調色劑 褐色（403043）・白色（403045）

密封・鑲嵌素材
　　共同材料
　　轉印貼紙 7個願望（404144）● 水鑽3mm（SS12）・2.5mm（SS9）

滴膠底座 ●
　　A 仿古配件（RSP-71AG）● **B** 仿古配件（RSP-71PG）●

串珠 ●
　　A 棉珍珠 白色（JP00041-WH）2顆
　　駝色（JP00041-BE）2顆
　　B 棉珍珠 白色（JP00041-WH）2顆
　　香檳金（JP00041-SP）2顆

飾品五金
　　A 古董金包鍊（404201）●
　　單圈5mm（PC-300307-SN）● 6個・T針（PC-300062-SN）● 4個
　　吊飾・小鳥（PT-303063-SN）●
　　B 金色包鍊（404200）●
　　單圈5mm（PC-300307-G）● 6個
　　T針（PC-300062-G）● 4個
　　吊飾・兔子（PT-302907-G）●

其他材料
　　共同材料 迷你飾品軟模具 基本款
　　半球形＆橢圓形（401007）橢圓形 14×10mm

《用具》
基本用具（p.6）・飾品加工用具（p.9）

包鍊
串珠
├珍珠
└T針
單圈

吊飾

單圈
滴膠底座

A　**B**

水鑽

▲作品圖皆為原寸大。

HOW TO MAKE　**AB** 作法皆相同。以下為 **A** 的圖解步驟。

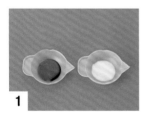

1
製作2種顏色的UV膠（p.7）。

2
先以其中一個染色UV膠灌滿模具，照燈2分鐘。另一色也採用相同作法。

3
將2個圓片沾膠重疊黏合，以手捏合照燈30秒，再放置在UV燈下照燈1分半鐘。

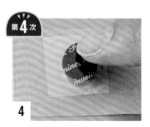

4
放在底墊上，將朝上面塗膠＆貼上轉印貼紙，照燈2分鐘。

以貼紙背面製造光滑感。
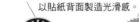

5
撕下轉印貼紙，轉印上文字的組件完成。

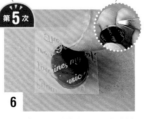

6
再次塗膠，以轉印貼紙的非轉印面壓在上面照燈2分鐘。照燈後撕除貼紙，修剪毛邊。

7
水鑽沾膠配置於組件上，照燈2分鐘。

8
將步驟**7**以接著劑黏在滴膠底座上，再以單圈串接作品＆飾品五金。

ACCESSORY 23 動物剪影飾品

以較大的滴膠底座，

將栩栩如生的動物剪影密封於UV膠中。

製作出漂亮作品的訣竅在於先以白色麥克筆塗抹滴膠底座，

使背景膠片的顏色清楚呈現，就能將黑色剪影貼紙襯托得更加顯眼。

《材料》●●●參見p.64，
除了特別指定之外，皆各1個。

UV膠
共同材料 硬式UV

滴膠底座
AB 仿古配件（RSP-74PG）
雙圈圓形底座（BJ-164G）
C 仿古配件（RSP-75PS）
DE 雙圈圓形底座（BJ-396S）

密封・鑲嵌素材
共同材料 優雅風裝飾貼紙B（56581913）
拼貼框（Collage Film）
A 貓（AF-001）・蝴蝶結（AF-004）
B（AF-001）**C**（AF-004）**DE**（AF-001）

吊飾
AB 愛心（PC-300225-G）

串珠
AB 奧地利水晶珍珠＃5810（114P）
CDE 共同材料 捷克棗珠 各2顆
C 粉紅色（FP08019-0）・褐色（FP08077-0）
D 粉紅色（FP08019-0）・綠色（FP08015-0）
E 褐色（FP-08077-0）・綠色（FP-08014-0）

飾品五金
AB 金色鑰匙圈（404198）
金屬鍊（BJ-172G）4.5cm
圓珠針（BJ-164G）
單圈3.5mm（PC-300072-G）
單圈5mm（PC-300307-G）3個
C 細鍊（BJ-168S）約35cm
粗鍊（BJ-172S）5cm
項鍊扣頭（PC-300106-R）
單圈3mm（PC-300066-R）10個
單圈5mm（PC-300307-R）
9針（PC-300041-R）4個
DE 金屬鍊（BJ-172S）11cm
龍蝦釦（PC-300103-R）
單圈4mm（PC-300070-R）5個
9針（PC-300041-R）4個

其他材料
共同材料 POSCA海報彩色麥克筆 白色

《用具》
基本用具（p.6）・飾品加工用具（p.9）

以3mm的單圈將扣頭安置於項鍊兩端。

龍蝦釦
單圈
金屬鍊 5.5cm
金屬鍊 13.5cm
串珠 ┌FP └9針
金屬鍊 1.5cm
單圈 3mm
單圈
串珠 ┌FP └9針
金屬鍊 1.5cm
單圈 3mm
金屬鍊 3cm
金屬鍊 4.5cm
金屬鍊
單圈
圓形底座
單圈5mm
單圈 5mm
單圈
單圈
金屬鍊 5.5cm
單圈
鑰匙圈
金屬鍊1.5cm
單圈3.5mm
單圈 5mm
圓形底座
串珠 ┌珍珠 └圓珠針
吊飾
單圈5mm

A
B
C
D
E
仿古配件
仿古配件

▲作品圖皆為原寸大。

HOW TO MAKE
A至E作法皆同。以下為A的圖解步驟。

1
以白色麥克筆塗滿滴膠底座，等待乾燥。

第1次
2
將背景膠片剪裁成符合底座的大小後（p.57），在底座內塗膠＆放入膠片，照燈30秒。

第2次
3
薄灌一層膠後，放入裝飾貼紙 照燈30秒。

第3次
4
以膠灌滿底座，照燈2分鐘。

第4-6次
5
同樣在**AB**的圓形底座中配置裝飾貼紙＆灌膠，照燈2分鐘。

6
以單圈將作品串接在飾品五金上。

53

24 五彩繽紛の小樹

運用小星星模具製作小巧玲瓏的小樹飾品，

無論作成耳環或項鍊都很適合。

由於本作品只需少量UV膠即可製作，

建議你試著製作出五顏六色的小樹當成擺飾。

《材料》●●●參見p.64，除了特別指定之外，皆各1個。

UV膠 ●●
共同材料 硬式UV

顏料
共同材料 UV調色劑 ●
綠色（403039） 紅色（403035）
白色（403045） 藍色（403041）
黃綠色（403038） 黑色（403044）
褐色（403043） 藍綠色（403040） 橘色（403036）
混合亮粉 白色（RS-163）

密封・鑲嵌素材
共同材料 無孔珠・TOHO珠 各適量
金色（miniPF557）・銀色（mini PF558）・紅色（mini45A）
白色（mini41）・藍色（mini55）・橘色（mini42D）
深藍（mini48）・黃色（mini42）

飾品五金 ●
附扣頭的項鍊（NH-40058-G）
9針（PC-300041-G）
單圈4mm（PC-300068-G）

其他材料 ●
共同材料 迷你飾品軟模具 星星（401012）BCDE

《用具》
基本用具（p.6）・飾品加工用具（p.9）

項鍊

綠色

紅色

藍色

白色＋混合亮粉

黃綠色

單圈
9針

黑色＋混合亮粉

褐色

黃綠色＋白色

無孔珠

綠色

藍綠色＋黃綠色＋白色

藍色＋黑色＋白色

黑色＋白色

紅色＋褐色＋白色

橘色＋白色

黃色＋白色

▲作品圖皆為原寸大。

HOW TO MAKE 作法皆相同。以下為小綠樹的圖解步驟。

對準星星的中心點進行堆疊。

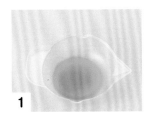

1
進行UV膠調色（p.7）。欲混合亮粉時，請灑上少量亮粉，再以調色棒混合均勻。

2
以調色棒將染色的UV膠灌入模具中。

第**1**次

3
如圖所示將膠灌滿4個模具，照燈2分鐘後脫模取出。

第**2**次

4
將最大的星星放在底墊上，塗上透明UV膠。接著把第二大的星星稍微錯開角度配置在上面，照燈30秒。

第**3·4**次

5
以相同作法再擺上1個星星後，照燈30秒。堆疊上最後1個星星後，照燈2分鐘。

第**5**次

6
均衡地在六至八處塗上透明UV膠，配置上無孔串珠，照燈2分鐘。

7
若要將作品製作成項鍊或吊飾，就以束鉗進行鑽孔。

第**6**次

8
將剪至3mm長的9針沾膠插入孔中，照燈2分鐘。

55

ACCESSORY 25 相片貼紙包鍊&鑰匙圈

以相片貼紙印出寵物&家人的相片,製作成各式各樣的飾品吧!
滴膠底座有各式各樣的形狀,請依相片挑選適合的底座。

《材料》●●●參見p.64，
除了特別指定之外，皆各1個。

UV膠●●
共同材料 硬式UV

滴膠底座
A 基本款水滴（404164）
BFH 基本款圓形（404161）
EG 基本款菱形（404162）
CD 基本款長方形（404163）

密封‧鑲嵌素材
共同材料 印刷好的相片貼紙
（使用印刷專用貼紙）

吊飾
共同材料 絨球 直徑12mm

飾品五金
共同材料 單圈5mm（PC-300307-G）●
ABCD 各1個 EFGH 各2個
單圈3mm（PC-300066-G）●
9針（PC-300041-G）●
ABCD 金色包鍊（404200）●
EFGH 龍蝦釦（PC-301166-G）●
金屬鍊（BJ-172G）● 3cm

其他材料
共同材料 列印紙

《用具》
基本用具（p.6）
飾品加工用具（p.9）

相片貼紙
以家用印表機就能列印
相片的貼紙。

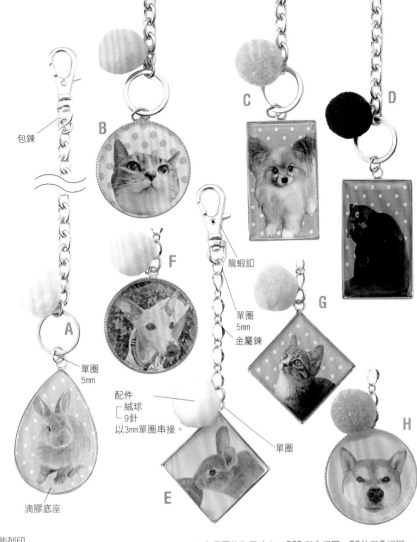

包鍊

B

C

D

龍蝦釦

單圈
5mm
金屬鍊

F

A

單圈
5mm

配件
┌ 絨球
└ 9針
以3mm單圈串接

G

單圈

E

H

滴膠底座

▲作品圖皆為原寸大。BCD 與 A 相同，FGH 與 E 相同。

HOW TO MAKE A 至 H 作法皆相同。以下為 A 的圖解步驟。

1
先準備好符合滴膠底座大小的
相片貼紙。

2
將白紙放在滴膠底座上，沿著
底座的內側邊按壓紙張來製作
壓痕，再沿壓痕剪裁成紙型。

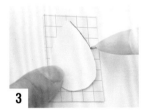

3
依紙型裁剪相片貼紙。

4
將相片貼紙的底紙撕除後，貼
在底座內＆確實壓平。

5
在底座中薄灌一層透明UV膠。

第**1**次

6
先以調色棒等用具將膠灌滿底
座，再灌膠至整體表面隆起的
程度，照燈2分鐘。

7
將9針沾上接著劑後，插入絨
球中待乾。

8
以單圈將各配件串接在金屬鍊
上。

ACCESSORY
26 海洋風手環

在底墊上灌膠製作星形框的底部，就能作出透明感的飾品。
將擺上珍珠粒的小貝殼飾品密封於膠中
＆選擇散發海洋韻味的吊飾進行搭配吧！

UV膠 ●●●

《材料》●●●參見p.64，除了特別指定之外，皆各1個。

UV膠 ●●
　共同材料 硬式UV

滴膠底座 ●
　共同材料 金屬配件
　A金色（PT-302516-G）**B**銀色（PT-302516-R）

密封・鑲嵌素材 ●
　共同材料 各適量
　亮彩貝殼粉 薄荷綠（WD-01005-05）
　樹脂珍珠（無孔）1.5mm（OL-00494-01）・2mm（OL-00495-01）
　美甲彩珠 **A**金色（EU-01143-G）**B**銀色（EU-01143-R）
　貝殼型金屬飾品 **A**金色（PC-301514-G）**B**銀色（PC-301514-R）

吊飾 ●
　A海星（PT-302806-BU）・貝殼（PT-303160-SG）
　B珊瑚（PT-302807-WH）・貝殼（PT-303160-SR）

串珠 ●
　A捷克玻璃珠 綠色（FE-00032-064）・白色（FE-00060-062）
　藍色（FE-00032-068）
　B壓克力珠 無光澤 藍色8mm（EU-02287-BU）
　綠色8mm（EU-02287-GR）2顆・藍色4mm（EU-02285-BU）
　粉紅色4mm（EU-02285-PK）2顆

飾品五金 ●
　A帶圈手環（PT-303150-G）・單圈4mm（PC-300070-G）6個
　藝術銅線（#26 NO-00727-4）
　B帶圈手環（PT-303150-R）・單圈4mm（PC-300070-R）6個
　T針（PC-300062-R）3個

《用具》
基本用具（p.6）・飾品加工用具（p.9）

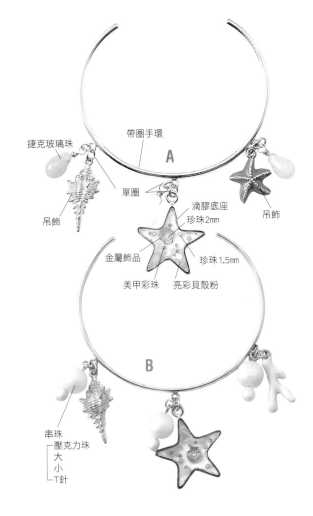

▲作品圖皆為原寸大。

HOW TO MAKE　**AB**作法皆同。以下為**A**的圖解步驟。

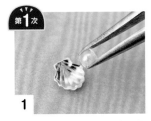

第1次

1　將沾膠的2mm珍珠放入金屬飾品中，照燈30秒。

第2次

2　將滴膠底座放在底墊上，薄灌一層UV膠，待膠全面擴散開後，照燈2分鐘。

第3次

3　薄灌一層膠後，將步驟**1**&亮彩貝殼粉放入底座中，照燈30秒。

第4次

4　配置美甲彩珠&1.5mm珍珠後，以膠灌滿底座，照燈2分鐘。

第5次

5　將底座從底墊上撕下並翻面，薄塗一層膠後照燈2分鐘。

6　以銅線穿過捷克玻璃珠後纏繞3圈。參見p.21-**3**作法製作小圓環，就完成配件了！

7　以單圈將吊飾&串珠串接於手環上。

ACCESSORY

27 小豬墜飾 & 胸針

以「給豬看珍珠」的俚語為創作題材，
並增添童趣營造成熟可愛風格的飾品組。
活用模具的形狀打造出簡單造型，
運用黑色、金色等顏色變幻整體氛圍為一大重點。

《材料》●●●參見p.64，除了特別指定之外，皆各1個。

UV膠 ●●
共同材料 硬式UV

顏料 ●
UV調色劑 **B** 黑色（403044）
C 粉紅色（403034）＋黃色（403037）
＋白色（403045）

密封・鑲嵌素材 ●
共同材料 米珠（SCB-167）無孔珍珠 5顆
A 金屬箔片 金色（RS-244）

吊飾 ●
A 蝴蝶結 鋯石配件（PT-303131-CRG）
BC 水晶（PC-300352-000-G）

串珠 ●
BC 雪珍珠8mm（JP-00076-1）

飾品五金 ●
共同材料 C圈（PC-300309-G）**A** 2個 **BC** 各3個
羊眼（PC-301160-G）
A 附扣頭的項鍊（NH-40058-G）
單圈3mm（PC-300066-G）2個
BC 帶圈胸針43mm（PT-300199-G）
造型針（PC-300697-G）

其他材料 ●
共同材料 迷你矽膠模具組（RSSD-44）豬

《用具》
基本用具（p.6）・飾品加工用具（p.9）

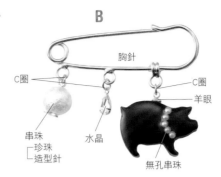

B

胸針
C圈
C圈
羊眼
串珠
珍珠
造型針
水晶
無孔串珠

C

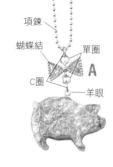

項鍊
蝴蝶結
單圈
C圈
羊眼
A

▲作品圖皆為原寸大。

HOW TO MAKE **A** 至 **C** 作法皆同。以下為 **A** 的圖解步驟。

1 將模具放在底墊上。**B** 使用黑色UV膠，**C** 則使用粉紅色UV膠。

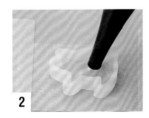

2 薄灌一層透明UV膠。

3 將金屬箔片全面鋪滿模具底部，側邊則鋪至模具的框緣處。

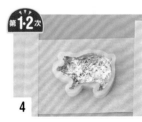

第**1・2**次
4 照燈30秒後，再以膠灌滿模具，照燈2分鐘。

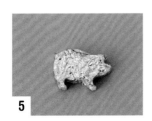

5 脫模取出時表面呈凹凸不平狀。**BC** 則是以染色UV膠灌滿模具，照燈2分鐘後脫模取出。

第**3**次
6 將小豬放在底墊上，以膠塗滿表面，再配置上珍珠照燈2分鐘。**BC** 作法亦同。

第**4**次
7 以束鉗鑽孔，插入沾膠的羊眼照燈2分鐘（p.9）。

8 以單圈將作品串接上飾品五金。**BC** 則是以C圈串接作品&飾品五金。

28　鬍子貓手機殼

以熱縮片製作貓咪＆鬍子的模型，貼在手機殼上當裝飾。

報紙是容易黏貼於熱縮片的好用素材。

使用英文報紙，就能為作品增添些許成熟氣息。

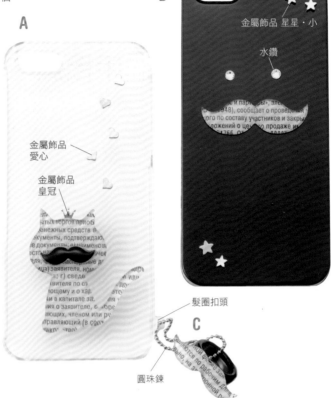

UV膠 **熱縮片**

《材料》 ●●● 參見p.64，除了特別指定之外，皆各1個。

UV膠
　共同材料 硬式UV

熱縮片
　共同材料 0.3mm（PL5-3001）

顏料
　CUV調色劑 黑色（403044）

密封・鑲嵌素材
　共同材料 英文報紙等紙張
　A迷你金屬飾品
　愛心・小（BJ-484S）5個・皇冠（BJ-112S）
　B迷你金屬飾品
　平面星星・大（BJ-486S）2個
　平面星星・小（BJ-483S）3個
　水鑽4mm（SS16）2個

飾品五金
　C圓珠鍊 銀色（404130）

其他材料
　共同材料 保護劑（404191）
　A B智慧型手機殼（以矽膠材質為佳）
　A油性筆 黑色
　C軟模具 圓環（404174）13號
　迷你飾品軟模具 零組件（401015）髮圈扣頭〈小〉

《用具》
　基本用具（p.6）
　飾品加工用具（p.9）・吐司烤箱・吹風機

金屬飾品 星星・大

B

金屬飾品 星星・小

水鑽

金屬飾品
愛心

金屬飾品
皇冠

髮圈扣頭

C

圓珠鍊

▲作品圖為原寸70%。鬍子紙型參見前扉頁。

HOW TO MAKE　**AB**作法皆同。以下為**A**的圖解步驟。

1 正面　加熱前　加熱後

將熱縮片剪裁成紙型的形狀後，放入吐司烤箱中加熱縮小。

2

在熱縮片背面塗抹保護劑後，紙張背面朝上與熱縮片黏合，以吹風機吹乾（約10分鐘）。**BC**的鬍子作法亦同。

3

沿著熱縮片的邊緣裁剪紙張後，再次將紙張背面塗上保護劑，以吹風機吹乾（約10分鐘）。**BC**的鬍子作法亦同。

第**1・2**次

4

將鬍子擺在底墊上，以筆塗黑。乾燥後塗上UV膠，照燈30秒。接著再次灌膠至表面隆起的程度，照燈2分鐘。

第**3・4**次

5

在步驟**3**的貓咪背面＆側面塗抹UV膠後，照燈2分鐘。接著也將正面塗膠＆照燈2分鐘。**BC**的鬍子作法亦同。

第**5**次

6

將貓咪正面再次灌膠至表面隆起的程度，擺放上步驟**4**的鬍子照燈2分鐘。**BC**則是將鬍子塗膠後照燈2分鐘。

第**6・7**次

7

將步驟**6**沾膠後黏在手機殼上，照燈2分鐘。其餘飾品同樣沾膠黏合，照燈2分鐘。**B**則是以接著劑將鬍子＆金屬飾品黏貼在手機殼上。

C的作法

以透明UV膠製作髮圈扣頭（p.9）後，沾膠黏在手機殼上照燈2分鐘。調製黑色UV膠後，以模具製作圓環（p.11-**2・3**）。再以膠將鬍子黏貼在圓環上，照燈2分鐘。

無限可愛の
UV膠 & 熱縮片飾品120選（暢銷版）

作　　者／キムラプレミアム
譯　　者／亞緋琉
發 行 人／詹慶和
選 書 人／Eliza Elegant Zeal
執行編輯／陳姿伶
編　　輯／蔡毓玲‧劉蕙寧‧黃璟安
執行美編／鯨魚工作室‧韓欣恬
美術編輯／陳麗娜‧周盈汝
內頁排版／鯨魚工作室
出 版 者／Elegant-Boutique新手作
發 行 者／悅智文化事業有限公司　郵政劃撥帳號／19452608
戶　　名／悅智文化事業有限公司
地　　址／220新北市板橋區板新路206號3樓
電　　話／(02)8952-4078　傳真／(02)8952-4084
網　　址／www.elegantbooks.com.tw
電子郵件／elegant.books@msa.hinet.net

2017年10月初版一刷
2020年9月二版一刷　定價320元

UV RESIN TO PURABAN NO KAWAII ACCESSORY 120
©Junko Kimura 2016
Originally published in Japan by Shufunotomo Co., Ltd.
Translation rights arranged with Shufunotomo Co., Ltd.
through Keio Cultural Enterprise Co., Ltd.

經銷／易可數位行銷股份有限公司
地址／新北市新店區寶橋路235巷6弄3號5樓
電話／(02)8911-0825　傳真／(02)8911-0801

國家圖書館出版品預行編目(CIP)資料

　無限可愛のUV膠&熱縮片飾品120選 / キムラプレミアム著；亞緋琉譯.
-- 初版. -- 新北市：新手作出版：悅智文化發行, 2020.09
　　面；　公分. -- (趣‧手藝；81)
　ISBN 978-957-9623-54-4(平裝)

　1.裝飾品 2.手工藝

426.9　　　　　　　　　　　　　　　　109011514

キムラプレミアム
木村純子

以UV膠、黏土等手工藝飾品及雜貨創作為主，透過活動進行展示作
品，同時也擔任體驗型講座講師。在日本和台灣皆有販售自行設計
的手工藝作品，同時也以a.k.b手工藝團隊的身分從事各項活動。著有
《UVレジンの簡単アクセサリー100》（2015年主婦の友社）&不少
以a.k.b名義出版的共同著作。
部落格
http://kimurapremium.blog74.fc2.com/

〈攝影協助〉
AWABEES
UTUWA

Staff
裝訂‧排版　　　塚田佳奈（ME&MIRACO）
攝影（封面‧配圖）佐山裕子（主婦の友社攝影課）
攝影（步驟）　　三富和幸（DNP Media‧Art）
造型師　　　　　荻野玲子
模型協助　　　　大塚きなこ（兔子）
　　　　　　　　さち、みりん、フジコ（貓）
　　　　　　　　かりん、アンバー、コロ（狗）
校正　　　　　　こめだ恭子
企劃‧編輯　　　小泉未來
責任編輯　　　　森信千夏（主婦の友社）

〈素材協助〉
株式会社PADICO　●の素材
〒150-0001 東京都渋谷区神宮前1-11-11-607

官方網站
http://www.padico.co.jp/

網路商店
http://www.rakuten.ne.jp/gold/heartylove/

Jewel Labyrinth 官方網站
http://www.jewellabyrinth.jp/

〈素材‧用具協助〉
株式会社Ange　●の素材
http://ange-shop.net/（網路商店）

PARTS CLUB（株式会社Endless）●の素材
http://www.partsclub.jp/（網路商店）

KAMOI KAKOSHI株式会社　紙膠帶「mt」
https://shop.masking-tape.jp/（網路商店）

TOHO珠（TOHO株式会社）
http://beads-market.net/（網路商店）

株式会社LIBERTY JAPAN
http://www.liberty-japan.co.jp/

趣‧手藝 41

輕鬆手作112款
可愛‧可愛羊毛氈
BOUTIQUE-SHA◎授權
定價280元

趣‧手藝 42

120款 美麗剪紙
BOUTIQUE-SHA◎授權
定價280元

趣‧手藝 43

萬用 橡皮章圖案集
BOUTIQUE-SHA◎授權
定價280元

趣‧手藝 44

DOGS&CATS
可愛の掌心貓狗動物園
須佐沙知子◎著
定價300元

趣‧手藝 45

UV膠&樹脂樂飾品百科全書
熊崎堅一◎監修
定價350元

趣‧手藝 46

輕鬆作の微型樹脂土美食76款
ちょび子◎著
定價320元

趣‧手藝 47
趣味 翻花繩大全集
AYATORI
野口廣◎監修
主婦之友社◎授權
定價399元

趣‧手藝 48

牛奶盒作の美麗布盒設計60選
BOUTIQUE-SHA◎授權
定價280元

趣‧手藝 50

CANDY COLOR TICKET
超可愛的糖果系
透明樹脂‧樹脂土甜點飾品
CANDY COLOR TICKET◎著
定價320元

趣‧手藝 49

彩色多肉植物日記
丸子(MARUGO)◎著
定價350元

趣‧手藝 51

玫瑰窗對稱剪紙
平田朝子◎著
定價280元

趣‧手藝 52

玩黏土‧作陶器!
可愛北歐風別針77選
BOUTIQUE-SHA◎授權
定價280元

趣‧手藝 53

不織布甜點屋
堀內さゆり◎著
定價280元

趣‧手藝 54
可愛の立體剪紙花飾
くまだまり◎著
定價280元

趣‧手藝 55

剪開信封
輕鬆作紙雜貨
宇田川一美◎著
定價280元

趣‧手藝 56

不織布動物遊型園
陳春金‧KIM◎著
定價320元

趣‧手藝 57
開店指南
不織布的幸福料理日誌
BOUTIQUE-SHA◎授權
定價280元

趣‧手藝 58

花‧葉‧果實
の立體刺繡書
アトリエ Fil◎著
定價280元

趣‧手藝 59

袖珍食物&微型店舖230選
大野幸子◎著
定價350元

趣‧手藝 60

不織布點心
寺西恵里子◎著
定價280元

趣‧手藝 61

木器彩繪練習本
BOUTIQUE-SHA◎授權
定價350元

趣‧手藝 62

不織布Q手作
超萌狗狗總動員
陳春金‧KIM◎著
定價350元

趣‧手藝 63
熱縮片飾品
NanaAkua◎著
定價350元

趣‧手藝 64
開心玩黏土
MARUGO彩色多肉植物2
丸子(MARUGO)◎著
定價350元

趣‧手藝 65
一學就會の立體浮雕刺繡
アトリエ Fil◎著
定價320元

趣‧手藝 66

陶土胸針造型小物
BOUTIQUE-SHA◎授權
定價280元

趣‧手藝 67

從可愛小圖開始學縫十字繡
大圃まこと◎著
定價280元

趣‧手藝 68

UV膠飾品 Best 37
張家慧◎著
定價320元

清新・自然～
刺繡人最愛的花
草模樣手繡帖
定價320元

好想擁一下的軟QQ襪子娃娃
陳春金・KIM◎著
定價350元

袖珍屋的料理廚房：黏土作的
迷你人氣甜點&美食best82
ちょび子◎著
定價320元

可愛北歐風の小巾刺繡
47個簡單好作的日常小物
BOUTIUQE-SHA◎授權
定價280元

袖珍模型麵包雜貨
不能吃の～袖珍模型麵包雜
貨：閒得到麵包香喔！不玩黏
土，揉麵糰!
ぱんころもち・カリーノぱん◎合著
定價280元

小小廚師の不織布料理教室
BOUTIQUE-SHA◎授權
定價300元

親手作寶貝的好可愛圍兜兜
基本款・外出款・時尚款・趣
味款・功能款，穿搭變化一極
棒！
BOUTIQUE-SHA◎授權
定價320元

手縫俏皮の
不織布動物造型小物
やまもと ゆかり◎著
定價280元

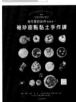

超可愛的迷你size！
袖珍甜點黏土手作課
関口真優◎著
定價350元

華麗の盛放！
超大朵紙花設計集
空間&櫥窗陳列、婚禮&派對布
置、特色攝影必備！(暢銷版)
MEGU (PETAL Design)◎著
定價380元

收到會微笑！
讓人超暖心の手工立體卡片
鈴木孝美◎著
定價320元

手捏胖嘟嘟×圓滾滾の
黏土小鳥
ヨシオミドリ◎著
定價350元

無限可愛の
UV膠&熱縮片飾品120選(暢銷版)
キムラプレミアム◎著
定價320元

絕對簡單の UV膠飾品100選
キムラプレミアム◎著
定價320元

寶貝最愛的
可愛造型趣味摺紙書：
動動手指動動腦×
一邊摺一邊玩
いしばし なおこ◎著
定價280元

簡單手縫可愛的
不織布動物玩偶
超精選！有131隻喔！
簡單手縫可愛的
不織布動物玩偶
BOUTIQUE-SHA◎授權
定價300元

靈活捏尖×想像力
百變立體造型的
三角摺紙趣味手作
岡田郁子◎著
定價300元

暖萌！
玩偶の不織布手作遊戲
BOUTIQUE-SHA◎授權
定價300元

超可愛手作課！
輕鬆手縫84個不織布造型偶
たちばなみよこ◎著
定價320元

集合囉！
超可愛的黏土動物同樂會
幸福豆手創館 (胡瑞娟
Regin)◎著
定價350元

超可愛！
換裝娃娃×動物摺紙58變
いしばし なおこ◎著
定價300元

捲簡紙芯變花樣
另一倒&捏一捏，
紙捲花開了！
阪本あやこ◎著
定價300元

動物系黏土迴力車
可愛展好玩！
超簡單！動物系黏土迴力車
幸福豆手創館 (胡瑞娟 Regin)◎
著
定價320元

超可愛綿風黏土娃娃
Petty's手作隨人誌：
超可愛綿美編黏土娃娃
蔡青芬◎著
定價350元

橡皮章應用圖帖
手作植物風橡皮章應用圖帖
HUTTE.◎著
定價350元

小刺繡圖案300+
清新&可愛小刺繡圖案300+
一起來繡花朵・小動物・日常
雜貨吧！
BOUTIQUE-SHA◎授權
定價320元

MARUGO教你作
職人の手捏黏土和菓子
甜在心・剛剛好×精緻可愛！
MARUGO教你作職人の
手捏黏土和菓子
丸子 (MARUGO)◎著
定價350元

童話Q版の可愛動物
不織布玩偶
有119隻喔！童話Q版的可愛
動物不織布玩偶
BOUTIQUE-SHA◎授權
定價300元

Paper Quilling
大人的優雅捲紙花
大人的優雅捲紙花：輕鬆上
手！基本技法&配色要點一次
學會！
なかたにもとこ◎著
定價350元

色彩×幾何大挑戰！立體の組
合式摺紙彩球設計24例
BOUTIQUE-SHA◎授權
定價350元

英倫風手繪感可愛刺繡500選
E & G Creates◎授權
定價380元

超可愛娃娃布偶&木頭偶
超可愛娃娃布偶&木頭偶
5人作家愛藏精選！
美式鄉村風×漫畫繪本人物×
童話系可想
今井のりこ・鈴木治子・斉藤千里
田畑聖子・坪井いづよ◎授權
定價380元

有設計感の水引繩結飾品
清新又可愛！
有設計感的水引繩結飾品
mizuhikimie◎著
定價320元

擴展創造力的摺紙遊戲書
清新又可愛！
擴展創造力的摺紙遊戲書
寺西惠里子◎著
定價380元

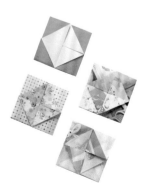